JN151034

まえがき

本書は、３つの機能を持っている。

1．ハラル制度、ハラル製品をわかりやすく説明した標準的な解説書

2．企業がイスラム市場に参入するための情報・ノウハウを網羅したビジネス書

3．ハラルに関する理論を展開した学術書

ハラルを正確に理解すれば、中東のみならず、東南アジア、南アジア、アフリカなど、急成長する巨大イスラム市場で、大きな先行者利益を手にすることができる。

ハラルに関する誤解は数多い。意外な事実を６つだけ紹介する。

⑴　中東にはハラル制度がない。

⑵　ハラル認証がなくてもイスラム市場に参入できる。

⑶　ハラル制度を成文化してはならない。

⑷　ハラルの事案で大企業の日本人が逮捕されたことがある

⑸　ハラルの国際論争で貿易が止まったことがある。

⑹　ハラルの概念は、化粧品、医薬品、家庭用品、ホテルにも適用される。

イスラム教徒は世界に18億人、その食品市場の規模は100兆円程度に達している。しかも、イスラム諸国の経済は、年率10％近いスピードで成長しているため、その食品市場は毎年数兆円ずつ増加している。国内でも、イスラ

ム教徒の観光客だけでなく、来日ビジネマンが増加している。

しかし、イスラム市場には、イスラム教に基づく規格「ハラル制度」という一見不可解な参入障壁が存在し、市場参入を阻んできた。ハラル制度とは、イスラム教徒の忌避する豚成分、アルコールなどを含まない食品・化粧品・医薬品・家庭用品の規格を定めて、不適合品の生産・流通・販売を制限する制度である。ハラル制度は、外形上は、シンプルで、クリアするのが容易に見える。しかし、ハラルという概念は、宗教性が強く、非科学的な要素があり、西欧的な法令解釈や技術思想では理解が難しい。現実に、ハラルというものを安易に考えて、抜き差しならぬ大きなトラブルに発展した例は、世界中に数多い。海外、国内を問わず、イスラム市場に参入し、イスラム教徒の信頼を得てビジネスを続けるためには、ハラルについての正確な理解が必要である。

本書は、下記の人に読んでいただくことを期待している。

(1) 食品・化粧品・医薬品・化学品・家庭用品企業の企画・開発・海外営業の担当者
(2) 商社の食品・化学部門の担当者
(3) 農業・畜産業の関係者
(4) 海外市場を目指す中小食品企業の経営者
(5) 自治体の商工・農水・国際部門の担当者
(6) 国際ビジネスに関心のある学生、アジア・中東に興味のある学生
(7) 開発経済、国際経済、マーケティング、生化学系学部の研究者

本書は、これまでの筆者のハラルに関する研究・調査の集大成でもある。本書は、これまで出版してきた書籍、学会誌や経済誌に寄稿した論文・解説をベースに、新しい制度・知見・情報を追加し、理論的な説明を加えている。したがって、既存の制度や単なる事実に関する箇所は、過去の書籍・論文等と重複する記述があることを、お断りしておく。

まえがき

本書は、読者にとってのわかりやすさに重点を置いているので、宗教的な用語は極力避けており、宗教的な厳密さにも目をつぶっていることを、お断りしておく。

本書は、科学研究費補助金、（公財）日本食品化学研究振興財団の助成金を使用した研究で得られた成果・知見・情報を活用している。感謝の意を表する。

2019年7月

並河良一

目　次

用語集

イスラム諸国　イスラム協力機構（OIC）加盟国。イスラム国という表現は、過激派集団のIS（Islamic State）との混同を避けるために、避けている。
食品、食料品　本書は「食品」と「食料品」という用語の厳密な使い分けをしていない。
中間投入物　製造プロセスで使用されるが、最終製品には残らない食材・物。
直接投資　企業の経営を支配する（経営に参加する）目的で行う投資（株式取得）。
認証機関　国ベースで統一されたハラル制度の下で、ハラル認証をする組織。
認証団体　各種団体が独自に設けたハラル制度の下で、ハラル認証をする組織。
派生物　特定の食材に由来する食材・物。
非関税障壁　関税以外で貿易を制限する方法。
ムスリム　イスラム教徒。本書は、団体名や成句で使用されている場合を除き、イスラム教徒という用語を使用している。
湾岸諸国　ペルシャ湾に面する8か国のうち、湾岸協力会議（GCC：Gulf Cooperation Council）に加盟する6か国（サウジアラビア、アラブ首長国連邦、バーレーン、オマーン、クウェート、カタール）。
AEC　ASEAN Economic Community.　東南アジア諸国経済共同体。
Al-Quran　イスラム教の聖典であるクルアーン（コーラン）。
ASEAN　Association of South East Asian Nations.　東南アジア諸国連合。
BPJPH　Badan Penyelenggara Jaminan Produk Halal.　インドネシアのハラル認証実務機関。
CODEX　Codex Alimentarius.　食品の国際規格。
Fatwa　イスラム教の解釈・布告・勧告をする機関。
GMF　Genetically Modified Food.　遺伝子組み換え食品。
GMOs　Genetically Modified Organizations.　遺伝子組み換え生物。
GDP　Gross Domestic Product.　国内総生産。
GDP／人　国民1人当たりGDP。国の豊かさを示す1つの指標。
GMP　Good Manufacturing Practice.　適正製造基準。
HACCP　Hazard Analysis and Critical Control Point.　工程管理による製品の衛生管理手法およびその規格。
Hadith　ハディース。イスラム教の預言者の言行録。
Halal　シャリア法に照らして合法で、許される。
Halalan-Toyyiban　シャリア法に照らして合法かつ安全・衛生的。
Halal Hub　ハラル制度の中心地。
Halal Park　ハラル専用工業団地。
Haram　シャリア法に照らして違法で、禁止される。
HAS　Halal Assurance System.　ハラル保証制度。
HD　Holdings.　持ち株会社。
HDC　Halal Industry Development Corporation.　マレーシア・ハラル産業開発公社。
IMF　International Monetary Fund.　国際通貨基金。

ISO　International Organization for Standardization.　国際標準化機構およびその規格。
JAKIM　Jabatan Kemajuan Islam Malaysia. マレーシアのハラル認証機関。
JAS　Japan Agricultural Standard.　日本農林規格。
JETRO　Japan External Trade Organization. 日本貿易振興機構。
JIS　Japan Industrial Standard. 日本産業規格（旧・日本工業規格）。
khamr　酔わせるもの。アルコール飲料。
Ijima'Ulama　イジュマアウラマー。イスラム教徒のコミュニティの理想的な合意。
Law on Halal Product Guarantee　インドネシアのハラル製品保証法。
LPPOM-MUI　Lembaga Pengkajian Pangan, Obat-obatan dan Kosmetika, Majelis Ulama Indonesia.　インドネシア食品・医薬品・化粧品検査所－ウラマー評議会。
MD　Makana Dalam Negeri.　インドネシアの国産食品登録番号。
MIHAS　Malaysia International Halal Showcase.　マレーシア国際ハラル見本市。
ML　Makanan Luar Negeri.　インドネシアの輸入食品登録番号。
MUI　Majelis Ulama Indonesia.　インドネシア・ウラマ評議会。イスラム教における勧告、布告、見解などを扱う機関。
MUIS　Majis Ugama Islam Singapore.　シンガポール・イスラム教会議。イスラム教における勧告、布告、見解などを扱う機関。
MS　Malaysia Standard.　マレーシア規格。
Najis　シャリア法上、不浄。
OEM　Original Equipment Manufacturing.　委託者のブランドでの製品の生産。
OGM　Original Design Manufacturing.　委託者のブランドでの製品の設計・生産。
OIC　Organization of Islamic Cooperation.　イスラム協力会議。イスラム諸国から成る国際機関。
PNS　Philippine National Standard.　フィリピン国家規格。
Qiyas　キヤース。クルアーンおよびハディースの教えの解釈。
Sertu　シャリア法にしたがった儀礼的洗浄。
Shariah　イスラム教の教義に基づく法令。
SNI　Standar Nasional Indonesia.　インドネシアの国家規格。
SOP　Standard Operation Procedures.　インドネシアのハラル制度における標準実務手順書。
Syubhah　ハラルとハラムの中間であり、疑わしい。
TBT　Agreement on Technological Barriers to Trade.　WTO の貿易の技術的障害に関する協定。
UAE　United Arab Emirates.　アラブ首長国連邦。
Ulama　イスラム教徒のコミュニティ、イスラムの支持者。
Umum al-Balwa　シャリア法上、制御・回避が困難な出来事。
WTO　World Trade Organization.　世界貿易機関。

RM　マレーシア・リンギット（RM）、断りのない限り 1RM ＝ 25 円で換算。
Rp　インドネシア・ルピア、断りのない限り 1 円＝ 125Rp で換算。
US$　断りのない限り 1 米ドル＝ 110 円で換算。

図表・写真一覧

図表

写真

第1章 ハラルとハラル制度

第1節　ハラル

1. ハラルとは

ハラルという概念はイスラム教に由来する。

「ハラル（Halal）」とは、シャリア（Shariah）法（イスラム教の教義に基づく法令）に照らして合法で、許される（lawful, permitted）という意味である。その反対の概念が「ハラム（Haram）」である。ハラムとは、シャリア法に照らして違法で、禁止される（unlawful, prohibited）という意味である。ハラルとハラムの中間に、疑わしいもの「シュブハ（Syubhah）」という概念がある。疑わしいものは、禁止はされていないが、避けるべきとされている。以下において、ハラルに関する根拠について論じるときは「シャリア法」と記すが、一般的な用語として使用するときは「イスラム法」と記す。

人々が生活していくに際し、禁止されるもの（ハラムのもの）は不要であり、許されるもの（ハラルのもの）だけで十分であると考えられている。神が創造したものはすべてハラルであり、例外的に禁止されるものがあるとされている。したがって、何がハラルかの定義はなく、豚肉や酒などのハラムの物は個別に列挙され、それ以外の物はハラルである。したがって、ハラルが原則であり、ハラムが例外という関係である。

ハラルとは物自体に対する概念ではなく、物を通して見える、イスラム教徒の行為や精神性を律する概念である。したがって、豚肉や酒はそれ自体が禁止されるもの（Haram li zatihi）であるが、ハラルの物が他の理由により禁止されることがある（Haram li ghairihi）。たとえば、鶏肉は、それ自体はハラルであるが、それが盗品であった場合には、その窃盗行為の故に、その鶏肉はハラムとなる。

ハラルという概念は、すべての物、すべての行為に及ぶ。食品だけに適用される概念ではない。食品以外の物でも、化粧品、医薬品など人が摂取する物、人の身体に触れる物にも、その概念は及んでいる。「サービス（行為）」にも及ぶ。たとえば、レストラン、食品輸送、食品倉庫のように食品に関連するサービスはもちろんのこと、観光、ホテル、金融にも、ハラルという概念は及んでいる。これらの物やサービスは、現時点において、そのハラル性が強く意識されているだけであり、ハラルの概念は、これらに限られることはない。ハラルの概念は、今後も、多種多様な物やサービスに及んでいくであろう。インターネットがハラルどうかという議論もある。

なお、日本語では、ハラルとハラールの２つの表記法がある。英語の Halal をスペルに従って表記するとハラルであり、発音に忠実に表記するとハラールとなる。Lemonade をスペルに従って表記するとレモネード、発音に忠実に表記するとラムネになるという違いと同様である。宗教関係者はハラールを好む傾向にあるが、他の英語の日本語表記の多くがスペルに従っていること、現在ハラル制度の中心にあるマレーシアでの発音がハラルに近いことから、本書ではハラルと表記する。

2．ナジスの概念

禁止される物（ハラム）は、シャリア法で「ナジス（najis）（不浄）」とされるものを含むからである。ナジスはその不浄の程度のより３種類に区分される。何がナジスであるかの一般則はない。

第１は、ムガラザ（Mughallazah）：程度の重いナジスである。犬、豚、その開口部から排泄された液体・物質、その子孫および派生物がこれに相当する。

第２は、ムカファファ（Mukhaffafah）：程度の軽いナジスである。これに相当する唯一のものは、母乳以外飲んでいない２歳以下の男児の尿である。

第３は、ムタワッシタ（Mutawassitah）：程度は重くも軽くもない中くらいのナジスである。嘔吐物、膿、血液、カマール（アルコール飲料等）、死肉ならびに開口部から排泄された液体・物質がこれに相当する。

物がハラルであるためには、ナジスのものをその量にかかわらず含んではならないとされる。

３．ハラルの法源

ハラルの概念は、イスラム教の特定の経典の特定の箇所に記述されているのではないし、複数の経典等の中で体系的に構成されているわけでもない。下記に示すシャリア法を構成する段階の異なる各種法源の記載や決定を集合したものである。

第１の法源は、イスラム教の聖典であるクルアーン（コーラン）（Al-Quran）である。

第２は、ハディース（Hadith）である。イスラム教の預言者の言行録である。イスラム教徒が生活において遵守すべき規範を幅広く示している。学派により差異がある。

第３は、イジュマアウラマー（Ijima'Ulama）である。学者の合意という意味であり、ウラマー（イスラム教徒のコミュニティ、イスラムの支持者）の理想的な合意のことである。マレーシアでは、全国ファトワ評議会（National Fatwa Council Committee of Islamic Affairs）、インドネシアでは、インドネシア・ウラマ評議会（MUI: Majelis Ulama Indonesia ）により学者の合意が形成される。イスラム教における勧告、布告、見解などを扱う機関として機能している。

第４は、キヤース（Qiyas）である。クルアーンおよびハディースの教えの解釈である。既存の禁止事項からの類推により、具体的な禁止事項を明確化する機能を有する。たとえば、「ワインが禁止される」（既存の禁止事項）からの「類推」で、これと同様に酔わせる（＝中毒性等がある）もの、たとえば、ドラッグ、コカイン、ラム、ビールなどは禁止される。

聖典（クルアーン）や言行録（ハディース）は古い時代に形成されているので、時代とともに出現する新たな事象の全てをカバーできない。このため、類推や見解の形で個別具体的な物や事象に対しての判断が下されることになる。

たとえば、禁止される食材に、遺伝子組み換え生物に係るものがリストアップされているのは、そのような技術が出現して以降の判断である。将来、新たな技術が出現すれば、その段階で、イジュマアウラマーなどの形で判断が示されることになる。ただし、長い間、世の中に存在してきたものについても議論はなされる。煙草については、インドネシア・ウラマ評議会で議論が行われている。

第２節　ハラル制度

1. ハラル制度とは

「ハラル制度」とは、物やサービスごとにイスラム法に則った品質基準（ハラル規格）を定め、この基準に基づき、物やサービスを審査・管理する制度である。

審査の結果、基準に適合する製品・サービスには、ハラル認証というステータスを与え、適合マーク（ハラル認証マーク）の貼付を認める。不適合の製品・サービスについては、生産・流通・提供・貿易を管理・制限することになる。ここで言う「管理・制限」とは、法令に基づく管理・制限ではなく、宗教的な圧力、社会的な圧力を背景とする管理・制限である。

ハラル制度は、イスラム教徒が安心して消費・使用できる製品・サービスの提供を保証する機能を有している。日本における JIS や JAS に類似する機能を有している。しかし、ハラル制度に基づきハラル認証を得たものだけがハラルとなるのではない。実質的にハラルであるものは、ハラル認証を受けても受けていなくても、ハラルである。

ハラル制度がカバーする範囲は、国により異なる。世界的に見ても2007年頃までは、ほぼ食品だけであったが、その後、各国でハラル制度は他の物やサービスに広がっている。世界で最もハラル制度が整備されている、マレーシアがハラル制度を適用している物・サービスは、2018年時点では、「消費製品（物）」については、食品、医薬品、化粧品、パーソナルケア品、包装、「サービス」については、レストラン、小売り、ホテル等、運送、・倉庫、「製造工程で使われる中間製品」については、飲料水処理用化学品、獣骨類が対象となっている。その他、会社管理システム、品質管理システムについても、ハラル制度が定められている。図表1-1に、マレーシアのハラル制度の対象品目とその根拠となる規格名を示す。この規格は、形式上は、マレーシア標準法（Standard of Malaysia Act 1996）を根拠とする、一種の産業規格である。

なお、医療機器のハラル規格の案について、2017年9月末期限のパブリックコメントが募集された。

2. ハラル制度の法源

ハラルの法源は、前述（第1章第1節3）のとおり、宗教の中に求められるが、ハラル「制度」の法源は、現世の人間が作った諸法令である。

法源という言葉は、国ベースで統一化されたハラル制度を有しているケースで使用できる用語である。統一されたハラル制度を有しない国では、個々の宗教団体が独自の私的なハラル制度を作成している。ハラル制度の法源は、国により異なる。同じ国であっても、時とともに変化していく。

ハラル制度の法源の中心にあるのは、ハラルの要件を示した品質基準（ハラル規格）である。しかし、ハラル制度は、ハラル規格だけでは機能しない。審査方法、審査手続き、認証後の監視、不適合品の管理方法などがあって初めて制度として成り立つ。これらの諸規定は衛生、製品表示、製造許可、貿易関連の既存の諸法規を引用あるいは援用しているので、これらの法令も含めた多数の規定がハラル制度の法源となっている。マレーシアとインドネシアは、国ベースで統一されたハラル制度を有しているので、この両国について、法源を見てみる。

マレーシアは、世界中で最も体系的なハラル制度を有する国である。マレーシアの食品のハラル制度を構成する法体系を、図表 1-2 にまとめてある。制度の中心にあるのが、「ハラル食品の製造、調整、取扱い及び保管に関する一般ガイドライン（Halal Food – Production, Preparation, Handling and Storage – General Guideline〔Malaysia Standard（MS）1500-2009〕）」（以下「MS1500」と記す）である。制度は、MS1500 だけではなく、食品衛生・品質管理関係の規格・法令、貿易管理法令の関係条項で構成されている。また、実務的に重要な規定として、ハラル認証機関（イスラム開発局：JAKIM）の定める認証手続き、申請書式、海外の認証機関（団体）公認の手続きなどがある。マレーシアのハラル制度は、これらの規格、手続き規定、関連法令が有機的に結びついて、体系的な構成となっている。

インドネシアのハラル制度の中心にある規定は、「ハラル認証の要件（Requirement of Halal Certification）（HAS23000）」である。その内容は、旧・認証の実働機関（食品・医薬品・化粧品検査所－ウラマー評議会：LPPOM-MUI）が出したガイドラインを集めたものである。したがって、制度の内容は、事例を含めて詳細に記されている。しかし、事例、ガイドライン、企業の作成すべき文書の記載例（ひな形）などが、詰め込まれており、体系性に欠けるところがある。HAS23000 は、「ハラル保証基準（Halal Assurance System Criteria）（HAS23000:1）と「考え方と手続き（Policies and Procedures）（HAS23000:2）」の２つの部分で構成される。この他に、LPPOM-MUI は、下記の２つのガイドラインを出している。

①屠畜施設のためのハラル確保基準のガイドライン
（Guideline Halal Assurance System Criteria on Slaughterhouse）（HAS23103）

②食材のハラル認証の要件

図表 1-1　マレーシアのハラル制度の規格

対象	番号	規格名
食品一般	1500-2009	ハラル食品の製造、調整、取扱い及び保管の一般ガイドライン Halal Food - Production, Preparation, Handling and Storage - General Guideline (GG) (2nd Revision)
品質管理	1900-2005	品質管理制度－イスラム的視点からの要件 Quality Management Systems - Requirements from Islamic Perspectives
化粧品	2200-Part 1 2008	イスラム消費製品－化粧品及びパーソナルケア品の一般ガイドライン Islamic Consumer Goods - Part 1 - Cosmetic and Personal Care - GG
獣骨皮毛	2200-Part 2 2008	イスラム消費製品－獣骨、獣皮、獣毛の使用の一般ガイドライン Islamic Consumer Goods - Part 2 - Use of Animal Bone, Skin and Hair - GG
経営	2300- 2009	価値創造型の経営システム－イスラム的視点からの要件 Value-based Management System - Requirements from an Islamic Perspective
運送経営	2401-Part 1 2010	ハラル・トイバン輸送の確保－運送業の経営システムの要件 Halalan - Toyyiban Assurance Pipeline - Part1 - Management System Requirements for Transportation of Goods and/or Cargo Chain Service
倉庫経営	2401-Part 2 2010	ハラル・トイバン輸送の確保－倉庫業の経営システムの要件 Halalan - Toyyiban Assurance Pipeline - Part 2 - Management System Requirements for Warehousing and Related Activities
小売経営	2401-Part 3 2010	ハラル・トイバン輸送の確保－小売り業の経営システムの要件 Halalan - Toyyiban Assurance Pipeline - Part 3 - Management System Requirements for Retailing
医薬品	2424- 2012	ハラル医薬品の一般ガイドライン Halal Pharmaceuticals - GG
化学品	2594-2015	飲料水処理用ハラル化学品の一般ガイドライン Halal Chemicals for Use in Potable Water Treatment - GG
包装	2565-2014	ハラル包装の一般ガイドライン Halal Packaging - GG
観光	2610-2015	Muslim Friendly Hospitality Services - Requirements イスラム教徒に適した接客サービスの要件
用語解説	2393-2010	イスラムとハラルの原則－用語の定義と説明 Islamic and Halal Principles - Definition and Interpretations on Terminology

注：番号はマレーシア規格（Malaysia Standard）。
出典：筆者作成。

図表 1-2　マレーシアの食品のハラル制度の法体系（家畜衛生を除く）

	ハラル関係
規格	ハラル食品の製造、調整、取扱い及び保管に関する一般ガイドライン（ハラル規格）： MS1500-2009: Halal Food – Production, Preparation, Handling and Storage – General Guideline
規格	品質管理制度ーイスラム的視点からの要件： MS 1900-2005: Quality Management Systems - Requirements from Islamic Perspectives
	ハラル手続関係
通達	マレーシアハラル認証手続きマニュアル（ハラル手順書）： JAKIM, Manual Procedure for Malaysian Halal Certification (3rd Edition) 2014
通達	マレーシア型ハラル食肉生産方式（反すう動物用）： JAKIM, The Malaysian Protocol for Halal Meat Production - Ruminants, Malaysia
通達	製品用ハラル認証申請様式： JAKIM, Halal Application Form for Products 食品施設用ハラル認証申請様式： JAKIM, Halal Application Form for Food Premise 屠畜施設用ハラル認証申請様式： JAKIM, Halal Application Form for Slaughtering House
通達	海外ハラル認証機関公認手続： JAKIM, Procedures for Appointment of Foreign Halal Certification Bodies
	食品衛生関係
規格	HACCP に関する食品安全規格： MS 1480: Food Safety according to Hazard Analysis and Critical Control Point (HACCP) System
法令	1983 年食品法：Food Act 1983 1985 年食品規制：Food Regulations 1985 2009 年食品衛生規則：Food Hygiene Regulations 2009
	品質管理関係
規格	食品適正製造基準：MS 1514: Good Manufacturing Practice (GMP) for Food
	表示関係
法令	1972 年取引表示法：Trade Description Act 1972
	通関関係
法令	1962 年動物輸入法：Animal (Importation) Law 1962
法令	2008 年（輸入禁止に関する）通関令：Custom (Prohibition of Imports) Order 2008

出典：筆者作成。

（Reqirement of Halal Certification）（HAS23201）

また、LPPOM-MUIは、企業に対して、部門ごとに「標準実務手順書」（SOP: Standard Operation Procedures）を作成することを求めているが、同時に、SOPの記載例（ひな形）を示して、これに準拠したSOPを作成することを求めている。ひな形は、手順書という名前がついているが、日本の行政庁における「運用通達」の性格を有する文書である。

さらに重要な法源として、2014年に公布されたハラル製品保証法（Law on Halal Product Guarantee）がある。同法は、インドネシアで流通する食品、化粧品などのハラル化を2019年までに義務化することについて言及しており、同国のハラル制度の基本法的な性格を有している。本法については、実施内容が流動的で、議論が多いので、その詳細は後述（第7章第1節5）する。

なお、インドネシアのハラル認証機関は、2017年にウラマー評議会（MUI）からハラル製品保証機関（BPJPH：Badan Penyelenggara Jaminan Produk Halal）に変更されている。BPJPHはMUIの出した上記の規定を引き継いでいる。以下では、インドネシアのハラル認証機関を、BPJPHとして記述するが、LPPOM-MUI時代に出された文書等に言及する時などは、LIPPOM-MUIと表現する。

第3節　宗教と食の禁忌

食に関する禁忌はイスラム教だけではない。多くの宗教が、多種多様な食の禁忌を定めている。

旧約聖書は多くの食の禁忌を規定している。勝村（1992）が簡潔にまとめているで、そのうち食材について、その要点だけを紹介すると次のとおりである。「地上の獣」では、ひずめが完全に分かれており、かつ反芻するものだけが可食。「水中生物」では、ひれとうろこのあるものだけが可食。「羽のあるもの」では、鳥のうち猛禽類を中心に 20 種は不浄で不可食。昆虫類も不浄とされる。「地上のシュレツ（群れをなしている小動物）」はすべて不浄であり、ネズミ、トカゲ等 8 種類のものが不浄なものとして列挙されている（レビ記第 11 章第 29 節以下）。動物の死体等も不浄である。肉食についても、獣や鳥の血液は不可食などの記述がある。

ユダヤ教では、旧約聖書を踏まえて、コーシャ（Kosher）という食の禁忌の制度を定めている。ハラル制度と同様、食材だけでなく、製品の原料、製造過程、調理器具まで、細かい規定がある。特徴的な規定として、旧約聖書の「子山羊をその母の乳で煮てはならない」（エジプト記第 23 章第 19 節等）から発展した、牛肉と乳製品の「食べ合わせ」の禁止がある（勝村、1992）。コーシャは、現代でも、認証制度として機能している。

キリスト教では、現在では、一部を除き、厳しい食の禁忌は定められていない。

ヒンズー教は、聖なる動物である牛だけではなく、あらゆる肉を忌避すべきとしている。ヒンズー教の根本聖典である『マヌ法典』の第 5 章には「可食・不可食」について 56 の規定があり、その第 48 条に肉食に関する規定がある（神谷，2000）。この禁忌は、現代においても、バラモン（高位のカースト）を中心に守られており、ヒンズー教徒には菜食主義者が多い。ただし、菜食といっても、厳格さに差異があり、鶏肉や魚肉を食べるヒンズー教徒、根菜類を忌避し葉菜類しか食べないヒンズー教徒もいる。

仏教も、本来は、肉食を禁じている。仏教が伝来した日本では、天武天皇が 4 月から 9 月までの農耕期間に牛と馬と犬と猿と鶏を食べることを禁止した（三井寺）ことに始まり、時の政権が、江戸時代まで何度か肉食禁止令を出してきた。しかし、明治期に入って以降、キリスト教を背景とする西欧文明の影響を受けて、肉食は一般化し、多くの仏教徒は肉食をするようになった。ただし、現代でも、法事や法要で供される、動物性食材等を含まない精進料理という形で、食の禁忌の痕跡は残っている。

犬などのペット、サルなどの類人猿、クジラを食べるべきでないとの思想もある。このような思想は、歴史的に形成されてきたのであろうが、多かれ少なかれ、宗教の影響を強く受けているのではなかろうか。

すべての宗教や思想の食の禁忌に対応すれば、食品産業は成り立たないかもしれない。

第2章
ハラル制度の基本

第1節　食品のハラル制度

1. 食品の制度の総則性

⑴　マレーシアの制度が標準

ハラル制度は、イスラム教を基礎とするため、基本的な部分は世界共通であるが、その内容は国により少しずつ異なる。ここでは、とくに断らない限りは、図表1-2で示した、マレーシアの制度、とくに、ハラル規格（MS1500）とハラル手順書を中心に述べる。マレーシアの制度は、宗教的な厳密さを維持しつつ、分かりやすく、バランスよく体系的に構成されているからである。他国の制度が、詳しく、わかりやすく記載している箇所については、その国の制度について述べる。

なお、ハラル制度は、法令と異なり、原則を示すだけで、詳細な判断基準を細則の形で示しいていないので、認証機関の運用や過去の事例で得た知見で補いながら説明する。

⑵　食品の制度が総則

現在では、ハラル制度は、マレーシア、インドネシア、シンガポールなど東南アジア諸国を中心に、食品以外の製品やサービスにまで広がっている。しかし、かつては、ハラル制度は食品に関する制度であり、食品以外の制度が作られてきたのは、ここ10年のことである。したがって、食品のハラル制度の考え方が、他の製品・サービスにも応用されている。中には、個別製品の特徴に対応する規定を示すだけで、食品の制度をそのまま引用する制度、あるいは食品の記述を参照とするだけの制度もある。つまり、食品のハラル制度が、すべてのハラル制度のひな形あるいは総則となっている。また、ハラル認証の手続きも、食品の制度として確立されて、それが他の製品・サービスでも、（若干の修正を経て）そのまま使われている。したがって、本書では、食品のハラル制度を、「ハラル制度の基本」と題して、説明する。

ハラル制度は、前述（第1章第2節2）のとおり、ハラル規格を中心にして、手続き、関連法令で構成される。本節では、ハラルであるための要件を示すハラル規格を述べる。

ハラル規格の内容は、国により、記述の方法が異なるが、次のような項目で構成されるのが一般的である。①原則・総則、②食品衛生、③食材、④食肉処理、⑤食品加工（機械）、⑥輸送・保管・販売・調理、⑦包装・表示である。本節でもこの順に述べる。ただし、食肉処理（屠畜）は、ハラル制度の中では、極めて重要でしかも特殊なプロセスであるので、ここでは、食材の中で一言だけ触れるにとどめ、次章（第3章第1節）で述べる。

2. ハラル食品とは

一般に、ハラル食品とは、豚肉やアルコールを含まない食品と言われるが、そのように単純なものではない。ハラル制度では、ハラル食品を、シャリア法に基づき、次の条件を満たす食品と概括的に定義している。

①ハラルでない動物、教義に従って屠畜されていない動物のいかなる部分も含まないこと。

②ナジスのものが含まれていないこと。

③食べるのに適しており、無毒で、中毒作用がなく、健康を害しないこと。

④ナジスの機器を使用して準備、加工または製造されていないこと。
⑤人体各部またはその派生品が含まれていないこと。
⑥準備、加工、取り扱い、包装、貯蔵、流通時に上記の要件を満たさない他の食品、ナジスのものから物理的に隔離すること。

この定義からは、個別食品がハラルであるかわからないので、ハラル制度は、以下で具体的な記述を加えている。

3. 原則

食品がハラルであるための大原則は、「Farm to Table（農場から食卓まで）」である。Farm to Table とは、食品がハラルであるためには、農場からから消費者に至るまでのフードチェーンのすべてのプロセスで、ハラルである必要があるという意味である。加工食品のケースについて、食品が消費者に届くまでのフードチェーンのイメージを、図表2-1に示す。この原則は、同図が示すように、農作物の耕作・収穫、家畜の肥育・屠畜処理といった1次産業部分から、工場内の加工・包装といった2次産業部分、輸送・保管、販売、レストランといった第3次産業部分までのすべてのプロセスがハラルであってはじめて、食品はハラルとなるという意味である。工場や企業では、イスラム的な価値観を維持するように運営することが求められる。

原材料である農産物、畜産物、水産物はハラルでなければならない。これらに施す肥料・飼料もハラルである必要がある。農産物の収穫段階、屠畜・食肉処理の段階でも、当然、ハラルが確保されなければならない。

工場では、農場等から受け入れる食材だけでなく、他の企業から納入される食材、海外から輸入される食材のすべてが、ハラルでなければならない。前処理機械、加工機械、反応装置がハラルであること、これら機械・装置が非ハラルでないものと共用されないことが求められる。工場内の保管段階－原料、中間製品、製品のすべての保管－で、非ハラルの物との隔離が必要である。包装についても、生産プロセス、包装資材、包装プロセス、表示内容などのすべてがハラルである必要がある。

図表 2-1　Farm to Table のイメージ図

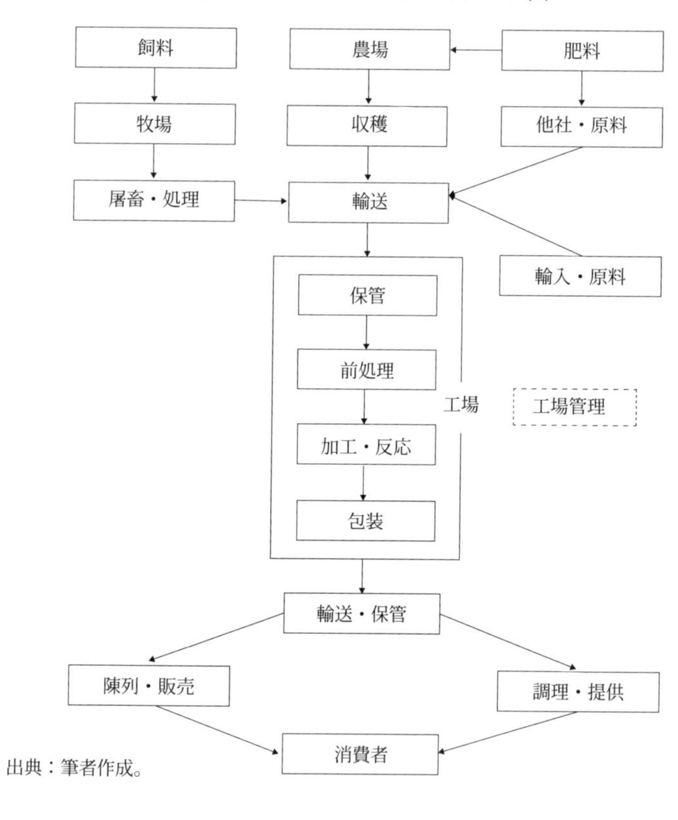

出典：筆者作成。

工場については、ハラル確保のための管理組織等が整備されていること、工場の立地点はハラムの物と十分に距離をとること、工場内のレイアウトが、工場作業員の動作なども考慮して、ハラルを確保するように設計・規定されていることも求められる。

小売店の販売段階でも、非ハラルの物と隔離されることが原則である。レストラン等では、食材がハラルであること、厨房、調理器具、食器について非ハラルの物との隔離などが必要である。

輸送・保管段階でも、非ハラルの物との隔離を求められる。製品だけでなく、原料、中間製品、包装材のすべての輸送・保管が対象となる。

4. 認証の対象

原則として、すべての食品が、ハラル認証の対象となりうる。食品には、飲料も含まれる。消費者に供される最終財（消費製品）だけでなく、食材、食品原料、調味料も対象となる。

ハラル手順書（JAKIM, 2014）によれば、食品のハラル認証の対象とならないものとして、次のものがある。これらの物は、審査をするまでもなく、そもそも認証申請ができないのである。

第１は、そもそもハラルでない物である。豚製品やアルコール飲料は対象ではない。

第２は、規格のない物も認証の対象外である。図表1-1にマレーシアで制定されているハラル規格を示したが、これら規格にカバーされない物はハラル認証の対象ではない。審査の基準がないので当然である。たとえば、文房具、一般の化学品などはここに該当する。ただし、これらが食品の製造プロセスで使用されている場合には、食品の認証審査の段階でチェックされることがある。肥料、飼料、陶器、紙も認証の対象外であることが明記されている。

第３は、宗教的・社会的に良くない物、たとえば、たばこ、ドラッグである。

第４は、加工プロセスを経ていない自然物である。たとえば、鮮魚、野菜、卵である。これらは、そもそもハラルである。豚糞などを施肥されていない農作物であることの証明のためにハラル認証を申請しても受け付けられない。日本では、加工を経ていない１次産品を認証の対象としているケースはあるが、イスラム諸国から見れば、何か問題があるのかと、違和感を覚えるようである。しかし、加工プロセスを経ると、その段階で汚染の可能性があるので、認証の対象となる。たとえば、精米の場合は、精米工程でハラルでない物との接触の可能性があるからである。ただし、ハラル認証の対象になるということと、その物がハラルであることとは別問題である。たとえば、果物を絞っただけの100％ジュースがハラル認証の対象となるからといって、果物がハラルでなくなるわけではない。果物そのものはハラルである。

第５は､ハラルでない物を製造している企業からの申請である。例えば､ビール会社からの申請は受け付けられない。

第６は、ハラルでない商品と紛らわしい商品名を付けた物も認証の対象外である。

その他、研究開発の初期段階にある製品、迷信やまやかしにつながるような製品なども対象外であるとされている。

5. 経営管理

⑴ 経営者の義務

ハラル認証を取得し、それを維持するためには、製造企業内では、現場任せにするのではなく、経営者も管理・労務等を通じてその役割を果たす必要があるとされている。そのために、企業は、社内全体のハラルを管理するための組織を設ける必要がある。また、ハラル・システムを的確に実施するために各種の制度を作り、それを現場で実施するためのマニュアル等を整備する必要がある。組織、制度については、インドネシアのハラル制度が詳しく、例を示して、具体的に記載している。その概要は以下のとおりである。

⑵ 組織

組織については、社内ハラル監視チーム（IHA: Internal Halal Auditor Team）を設け、ハラル監視コーディネータを任命するとしている。同コーディネータは、最高経営者の下で、社内のハラル関係部門（品質管理、購買、研究開発、生産、保管）のハラル関連業務を調整する。コーディネータは、ハラル認証機関との連絡調整も行うとされている。コーディネータは、最高責任者から公式に文書で任命された常勤職員であること、イスラム教の教えを理解し実践しているイスラム教徒であること、ハラムの危険性について熟知していることなどの要件を満たす必要がある。ただし、海外に立地する企業でイスラム教徒がいない場合には、イスラム法の知識を有する非イスラム教徒でもよいとされている。ハラル監視チームは、社内のハラル保証制度（HAS: Halal Assurance

System）の実施、報告、マニュアルの作成、ハラル認証機関との連絡などを担当し、社内のハラル監査を行う。監査は、定期的（少なくとも６か月に１回）に行うが、管理、原料、プロセスなどの変更があった際にも行うこととされている。

なお、マレーシアにおいても、ハラル手順書の中で、企業規模に分けて、必要な組織を規定している。多国籍企業（大企業）の場合、ハラル委員会を設置し、ハラル担当役員を任命するとしている。さらに、常勤のイスラム教徒職員を２名以上雇用して、製造・取り扱いを担当させることとしている。シフトを組んでいる場合には、どのシフトにおいても、このシステムが機能していることが求められるとしている。

⑶　制度・文書

制度については、社内全体のハラルを確保するための、包括的な制度として、ハラル保証制度（HAS）を設ける必要がある。ハラル保証制度（HAS）は、HACCP、ISOなどの他の食品衛生管理システムに基づくマニュアルで代用することは認められず、これらとは別に作成する必要がある。さらに、ハラル保証制度（HAS）の下に、各種の制度・規定類を整備して、それらを体系的に位置付けることが求められている。社内に整備すべき制度・規定類は、図表2-2に示すように、多岐に及ぶ。総則関係では、「ハラル方針」、「ハラル指針」、「ハラル管理組織」、「文書管理制度」を定めることとされている。現場実務関係では、部門ごとに定める「標準実務手順書」（SOP: Standard Operation Procedures）、「詳細参考文書集」、さらに、部門間の連携を進める「経営システム」がある。普及・教育関係では、「社会化プログラム」、「研修プログラム」、「内部・外部連絡制度」がある。「社会化プログラム」は社外にハラルの重要性を周知するものであり、「研修プログラム」は、非イスラム教徒に対する教育も含む。監査関係では、「内部監査制度」、「問題是正制度」、「定期点検制度」があり、問題の発見と是正を円滑に行うためのものである。

これら制度・規定類の中で、実務的に最も重要なのが、「標準実務手順書

図表 2-2　社内で整備すべき制度の例（インドネシア）

項目	説明
ハラル方針	会社のハラルに関する基本方針
ハラル指針	ハラル・ハラムの判断基準、宗教機関の判断例など
ハラル管理組織	ハラル管理組織の役割、ハラル監視コーディネータの資質・役割など
標準実務手順 SOP	部門ごとに作成する日常業務のマニュアル
詳細参考文書集	部門ごとに利用する詳細参考文書のリスト
経営システム	原料購買から製品出荷までの経営管理システム
文書管理制度	社内のハラル保証業務を文書に基づき行うシステム
社会化プログラム	原料供給企業、下請企業などに、ハラルを周知するプログラム
研修プログラム	スタッフや職員に、ハラルについて教育訓練するプログラム
内部・外部連絡制度	ハラルについて、部門間、上下間の連絡を円滑にするシステム ハラル認証機関などとの連絡を円滑にするシステム
内部監査制度	ハラル保証業務の実施状態を監視し、評価するシステム
問題是正制度	内部監査で指摘された問題を修正するシステム
定期点検制度	ハラル保証システムを定期的に見直すシステム

注：項目および説明は、筆者による。

(SOP)」である。LPPOM-MUI（現 BPJPH）は、標準実務手順書（SOP）のひな形（Example）を示している。これは、ひな形という名称になっているが、SOP 作成の注意点を示している。その内容は、ハラル制度運用の考え方を正確に反映しており、日本の法制度における「運用通達」の性格を有する文書である。

このような制度は、一般の工場管理システム、ISO や JIS と同じ性格を有している。

6. 食品衛生

食品のハラル制度は、イスラム教徒の消費者が、「安心して」食べることのできる、「安全な」食品の品質を確保する制度である。したがって、ハラル食品であるためには、安全で、健康によく、栄養があり、高品質であるという概念（トイバン〔Thoyyiban〕）を満たすことが求められる。英語の Wholesome に相当する概念である。トイバンという概念はイスラム教に由来するが、内容は技術的なものである。ハラル制度が特に求めているのは、食品衛生の確保である。ハラル制度で言う「食品衛生」とは、単に製品が衛生的あるというだけでなく、工場内におけるプロセス全体の衛生を含む概念である。このため、製造機器、道具、保管庫、職員の着衣などの衛生状態も含まれる。

ハラル制度が求める食品衛生のレベルは、国際的な食品衛生基準等と大きな差はない。食品衛生に関する箇所は、日本の食品企業の多くは、容易にクリアできるであろう。マレーシアの食品のハラル規格（MS1500）では、下記の一般的な記述をするにとどめており、主たる部分は、他の基準、法令に委ねている。

①加工前の原料、食材、包装材料の検査と仕分けを行うこと。
②廃棄物を適正に管理すること。
③有害物質を適切に管理・保管し、ハラル食品から隔離すること。
④プラスチック、ガラス、金属片、塵、有害ガス、煙、化学物質により食品が汚染されないこと。
⑤食品添加物は、認可されたものであっても過度に使用しないこと。
⑥製造及び加工に際し、適切な検出機器、各種フィルター、金属検出装置などのスクリーニング装置を使用すること。

MS1500が委任している基準、法令は以下のとおりである。

①適正衛生基準（GHP: Good Hygiene Practice）。
②適正製造基準（GMP: Good Manufacturing Practice）。
③マレーシア適正製造ガイドライン（Garispanduan amalan pengilangan yang baik）。
④食品適正製造基準（MS 1514: Good Manufacturing Practice（GMP）for Food）。
⑤ HACCP 食品安全規格（MS 1480: Food Safety according to Hazard Analysis and Critical Control Point（HACCP）System）。
⑥公衆衛生法令。

図表 2-3　ハラル制度の禁止する主な食材（マレーシアの例）

分類	禁止される食材
陸上生物	シャリア法に則って食肉処理されていない（ハラルの）動物 豚、犬およびそれらの子孫 虎、熊、象、猫、猿など捕食用の長く鋭い歯や牙を持つ動物 鷲、フクロウなど捕食性の鳥 鼠、ゴキブリ、ムカデ、サソリ、蛇、狩蜂など病原菌媒介動物や有毒動物 花蜂、キツツキなどイスラム教で殺すことが禁じられている動物 シラミ、ハエなど嫌悪感を覚える生物 意図的かつ継続的に不浄な（Najis）餌を与えて飼育されたハラル動物 ロバ、ラバなどシャリア法により食べることが禁じられている動物
水生動物	有毒なもの、中毒性のもの、健康を害するもの ワニ、亀、蛙など水陸両生の動物 不浄な（Najis）場所に棲む水生動物 意図的・継続的に不浄（Najis）な餌を与えられた水生動物
植物	有毒なもの、中毒作用のあるもの、健康を害するもの
キノコ微生物	有毒なもの、中毒作用のあるもの、健康を害するもの
天然鉱物・物質	有毒なもの、中毒作用のあるもの、健康を害するもの
飲料	有毒なもの、中毒作用のあるもの、健康を害するもの
遺伝子組み換え食品	遺伝子組み換え生物（GMO）の製品・副産物を含有する飲食物 ハラルでない動物の遺伝物質を用いて生産された原料を含有する飲食物
アルコール飲料	アルコール飲料
その他	糞尿、血液、嘔吐物、膿、胎盤、豚・犬の精液および卵子等、人体や動物の開口部から排泄された液体または物質 死肉 シャリア法で許されていない人体の一部またはその派生品
以上の物の派生物、以上の物で汚染された物、以上の物と直接に接触した物	

注：理解しやすいように、MS1500-2009を加工して記述している。
　　一部の特殊なものは省略している。
　　MS1500-2009の体系によらず、使用できない食材を羅列している。
　　正確な情報を必要とする場合には、原典を参照すること。
出典：MS1500-2009。

7. 食材

(1)　食材とは

食品がハラルであるための最も重要な点は、使用する「食材」がハラルであるか否かである。食品に使用されるすべての原料が審査の対象となるとされている。原料は、野菜、果物などの未加工のもの、食肉のように処理をしたもの、加工・反応したものを含む。有機物も無機物も含む。使用される量や比率には関係なく、すべての原料が対象になる。したがって、食品の主成分だけでなく、従たる成分、ごく微量使用される添加物・調味料も含む。酵素や抽出溶媒のように製造プロセスで使用されるだけで、最終製品に残らないものも対象になる。前述（第1章第1節1）のとおり、神が創造したものはハラルであり、例外的に禁止されるものがある。マレーシアの制度（MS1500-2009）で、使用できない食材を、図表2-3にまとめてある。使用できない食材は、国により若干異なるが、基本的な部分はいずれの国においてもほぼ同じである。

⑵　使用できない食材

使用できない食材を、陸上動物、水生動物、植物、キノコ類および微生物、天然鉱物および天然化学物資、飲料、遺伝子組み換え食品の順で述べる。

①陸上生物、水生生物、植物

陸上動物は、図表2-3に掲載したものを除き、ハラルであるとされている。シャリア法に基づき屠畜・食肉処理されていない動物はハラルではない。不浄の程度の高い（Najis Mughallazah）動物である豚以外にも多くの動物がリストアップされている。図表中の「意図的かつ継続的に不浄な（Najis）餌を与えて飼育されたハラル動物」とは、たとえば、豚由来の飼料や死肉を与えられて肥育した家畜、お酒を与えて肥育した和牛などである。

水生動物は、有毒なもの、中毒性のもの、健康を害するものを除き、ハラルであるとされている。水生動物とは、魚類など水中に棲息し、水の外では生存できない動物である。同図表に示すように、ワニ、亀、カエルなど水陸両生の動物はハラルではない。一般に、カニはハラルであるが、水陸両方で生息するカニはハラルではないとされる。同図表中の「不浄な（Najis）場所に棲む水生動物」とは、たとえば、汚染された水に棲息する魚、豚の飼育場に近接する池の魚などである。「意図的・継続的に不浄な（Najis）な餌を与えられた水生動物」とは、たとえば、豚由来の飼料、死肉を与えられた養殖魚である。

植物は、有毒なもの、中毒性のもの、健康を害するものを除き、ハラルであるとされている。なお、有毒なもの、中毒性のものであっても、シャリア法で定められた方法で、加工中に有毒物質、中毒性物質が除去される場合にはハラルとなる。植物とは、野菜、果物、茶類などである。自生している植物も、栽培された植物も含む。ただし、マレーシアでは、豚の糞が入った肥料を使った作物は推奨されないとされている。

②微生物、天然の鉱物、飲料

微生物およびキノコ類についても、有毒なもの、中毒性のもの、健康を害するものを除き、ハラルであるとされている。微生物の定義は、明瞭ではないが、多細胞、単細胞を問わず、一般名でいうところのカビ、藻類、酵母、細菌、酵母などすべて含まれるようである。ファージのようなウイルスが含まれるかは明らかではない。微生物であっても、豚から採取された微生物はハラルとはならない。

微生物による発酵生産物、その加工品もハラルである。乳酸飲料はハラルである。カルピス㈱や㈱ヤクルト本社は、インドネシアやマレーシアでハラル認証を得て、乳酸飲料を製造販売している。ただし、酵母はハラルであるが、生産されたアルコールはハラルではない。また、ハラルでない栄養素を添加された培地で培養した微生物はハラルでない。後述（第 4 章第 1 節 1）のインドネシア味の素事案は、このケースである。

天然の鉱物および化学物質も、同様に、有毒なもの、中毒性のもの、健康を害するものを除き、ハラルである。たとえば、塩はハラルである。

水および飲料は、有毒なもの、中毒性のもの、健康を害するものを除き、ハラルであるとされる。ワイン、シャンパン、酒などのアルコール性の飲料はハラルではない。

③遺伝子組み換え食品（GMF: Genetically Modified Food）

遺伝子組み換え生物（GMOs: Genetically Modified Organizations）およびその生産物から生産されたものを含む食品・飲料（GMF）はハラルではない。

遺伝子組み換え作物から作られた加工食品はハラルではないことになる。日本では、遺伝子組み換えであっても、８種の作物（トウモロコシ、大豆、ジャガイモ、西洋ナタネ、綿、パパイヤ、アルファルファ、テンサイ）およびこれらから作られる加工食品は、食用とすることが認められてきた。これら加工食品については、使用する遺伝子組み換え作物の（意図せざる）混入率が５%未満の場合には、「遺伝子組み換えでない」と表示が可能である（規定は改正の見込み）。しかし、このような表示とハラルであるか否かは無関係である。

ハラルでないとされている動物の遺伝物質を用いて作られた食品原料を含む食品・飲料等は、もちろんハラルではない。インドネシアでは、ハラルでない動物や人間から得られた遺伝子を組み込んだ微生物は、ハラルでないとしている。具体的な例として、豚の膵臓組織に由来する遺伝子で組み替えられた大腸菌（Escherichia Coli）が生産するイシュリン・ホルモンがある。

④その他

食材としてはポピュラーではないが、図表 2-3 に示すように、人体や動物の開口部から排泄された液体または物質、糞尿、血液なども使用できない。もちろん死肉は不可である。人体各部（たとえば、毛髪）またはその派生品も使用できない。

放射能で汚染された農作物については、明示的には記載されていないが、各項目の健康を害する植物に相当するであろう。

8. 製造工場

⑴　加工プロセス

ハラル食品のサプライチェーンの中で、加工プロセスでのハラルの確保は、食品工場にとっては、最も重要である。機器類（装置、機械、工具）については、第１に、不浄（Najis）な素材を用いていないこと、第２に、衛生確保の観点から、洗浄しやすいように設計・製作すること、第３に、ハラル食品専用とすることとされている。

不浄の程度の重いナジス（najs al-mughallazah）のものに接触して汚染された機器類を、ハラル食品に使用するためには、シャリア法にしたがった儀礼的洗浄（Sertu）を行うこととされている。一部の機器類が不浄の程度の重いナジスのものに使用されていた製造ラインを、ハラル製造用に転用する場合も同様のプロセスが必要である。

ナジスの物に使用された機器類のハラル食品用への転用は基本的には好ましくないとされている。このため、転用後、当該ラインはハラル食品にのみ使用すること、当該転用後のラインを再度ナジス用に使用するとハラル・ラインに再転用はできないこととされている。したがって、同じ機器の洗浄を繰り返して、ハラル製品用と非ハラル製品用に共有することはできないこととなる。また、所轄官庁はその転用プロセスを監督して、認証することとされている。

シャリア法に従った儀礼的洗浄の方法は、宗教的な色彩が強いため、その概略だけを以下に示す。

①計７回洗浄することとし、そのうち１回は水と土の懸濁液で洗浄すること（各回の水の取り換えについても規定がある）。

②土は懸濁液とするのに足りる量とすること。

③使用する土、水の条件についても定められている。

⑵　原料、OEM など

工場で製造される食品のハラルの確保のためには、専用ラインの設置だけでなく、原料がハラルであることが極めて重要である。納入される原料は、そのハラル認証マークにより、ハラルを確認するのが原則である。認証マークがない場合には、納入品の成分分析、納入品の原料・製造フローチャートにより、ハラルであることを確認することとされている。納入企業の作成した、ハラルであるとの念書の類は証明力がないとされている。（マレーシアの場合）輸入原料である場合は、JAKIM が公認した海外認証機関の認証マークで、ハラルであることを確認するとされている。

ハラル製品を、委託者ブランド名で生産（Original Equipment Manufacture：OEM）する場合は、委託者・受託者の双方がハラル認証を有していることが必要である。

製造ラインがハラル専用であるのは当然であるが、工場全体がハラル専用であるべきかについては、各国の認証機関により対応が異なる。ハラル専用工場でない場合に、工場建屋をハラル専用とすべきかについても対応が異なる。

⑶　工場施設

工場施設に求められる一般的な事項である。立地、設計、食品衛生などに関することが規定されている。以下に4項目にまとめたが、第2を除けば、ハラル食品工場以外の一般の工場においても求められる事項である。

第1に、施設の建設・改修の設計の基本は、製品汚染のリスクを抑制し、所期の目的を達成できるプロセス・フローとすることである。

第2に、立地点については、養豚場、豚の処理施設、下水処理施設から十分に離すこととされている。十分に離すという意味は、かつては5㎞以上とされていたが、現在では数値は示されていない。しかし、この数値が目安になるであろう。

第3に、施設のレイアウトは、適切なプロセス配置、適切な作業員の動き、良好な衛生状態、安全な作業を確保するように定めることとされている。これには、操業中の害虫の侵入や二次汚染の防止対策も含まれる。また、原料の受け入れから完成品までのプロセス全体において、二次汚染を防止することも必要である。また、搬入・搬出口は、腐りやすい原料・製品の効率的な運搬ができるように設計することとされている。

第4に、工場の清潔、食品衛生、保健に関することがある。施設は、清掃や食品衛生管理の便宜を考えて設計することとされている。十分な衛生施設を設置し、維持することも必要である。さらに、施設を適宜修理して良い状態に保ち、害虫の侵入、害虫の繁殖を防止することも求められている。ペット、その他の動物の施設への立ち入りは禁止することとされている。

食肉の処理施設や加工施設に関する規定は、後述する（第3章第1節3）。

⑷　労務

工場内で働く職員に関する事項である。工場管理者による労務管理、労働関係施設の整備という形でハラル手順書等に記載されている（改定前に記載されていた事項も含む。）

宗教関係では、祈祷場所を設置すること、日々の宗教活動および金曜礼拝を認めることが必要である。全職員に対してハラル研修を行うことも求められる。また、いかなる形の偶像も設置してはならない。

衛生関係では、食品衛生規則（Food Hygiene Regulations 2009）を遵守させることとされている。原則として職員を工場施設内に居住させてはならないとしている。同じ敷地内に居住させる場合は工場施設とは別の建物にすること、同じ建物の場合には出入り口を別にして出入りをチェックすることとされている。工場内に職員寮があるケースなどを想定している。

衛生の確保は、食品衛生規則で十分であるが、とくに次の事項は大事であるとされている。

①認可された医療機関で必要な予防接種を受けること。
②傷口の開いた傷をもつ職員、病気の職員は、回復するまで勤務しないこと。
③製造現場で喫煙・飲食をしないこと、飲食物・たばこ・医薬品を所持しないこと。
④清潔で適切な衣服、帽子、マスク、手袋および足に合った靴を着用すること、ロングパンツなどを着用し、肌の露出をさけること。
⑤手洗いを励行すること、必要に応じ７段階の手洗い、清潔を維持すること。
⑥宝飾品、装飾品類を持ち込まないこと。

9. 輸送・保管、陳列・販売、調理

食品がハラルであるためには、工場の製造工程だけでなく、輸送・保管段階、陳列・販売、調理の各段階においても、ハラルが確保される必要がある。Farm to Table の原則である。

すべてのハラル食品は、輸送･保管、陳列･販売のすべての段階で特別に「ハ

ラル」というラベルをつけ、非ハラルのものと隔離することとされている。とくに、不浄の程度の重い（najs al-mughallazah）のものは専用の場所に保管することとされている。

輸送は、各ハラル食品に適したハラル専用車両によることとされている。車両は、食品衛生上、公衆衛生上、問題のないものとすることが求められている。MS1500は、車両の例として保税トラック（Bonded Truck）を挙げており、これにより、関税法令上の外国であっても、地理的にマレーシアの国内におけるすべて輸送が対象であることを強調している。

ハラル食品は真空パックで包装しても、非ハラルの物と同梱、混載はすべきでないとされる。不浄とされるものと近接すること自体が問題であり、物理的に汚染されることだけが問題ではないとの考え方による。食品企業は、輸送・保管を外部の業者に委ねることが多いので、輸送・保管は、ハラルの確保が難しい。

マレーシアでは、輸送・保管については、特別の規格が定められているので、第３章第３節３において詳しく述べる。

陳列・販売に際しても、非ハラルの物と売り場を分けること、消費者用のカートを別にすることなどが、求められる。陳列・販売段階における非ハラルの物との隔離の厳しさについては、国により大きな差がある。マレーシアやシンガポールでは、小売り業については、特別の規格が定められている。

調理については、専用の厨房にすること、アルコール飲料を供してはならないことなどが求められる。レストランや給食事業についても、特別のハラル規格が定められているので、第３章第３節１で詳しく述べる。

10. 包装・表示

⑴　包装

食品がハラルとなるためには、その包装・容器もハラルでなければならない。食品そのものがハラルであっても、これと接触する包装・容器がハラルでなければ、製品としての食品はハラルとならない。ハラル制度は、包装・容器の素材の材質や包装・充填工程だけではなく、包装・容器のデザイン・記載内容についても規定している。包装・充填はもちろん、ラベルやシールの貼り付けなども工場内で作業が行われるので、工場の現地調査において、これらがチェックされる。

第１は、包装・容器である。包装・容器の素材が、不浄（Najis）でないこと、食品に有毒でないこととされている。また、包装・容器の製造・輸送段階において、不浄なものと触れてはならない。具体的には、包装・容器を製造する機械が不浄のものに汚染されていないこと、包装・容器が、その予備処理・加工・輸送・保管工程で、不浄のものから隔離されていることが求められる。また、製品に直接接触するラベルの材料はハラルでなければならないとされている。

第２に、食品の包装・充填は、衛生的な環境下で、清潔で衛生的な方法で行うこととされている。

⑵　表示

第３に、デザイン・記載である。包装・容器のデザイン、サイン、シンボル、ロゴ、名称、画像は、シャリア法に反しないこと、誤解を与えるようなものでないことが求められる。許されないものとして、たとえば、性的なものを連想させる図画、ビール・ビンと紛らわしい形状の容器などがある。また、食品などには、ハム、バクテー（中国起源の豚鍋料理の一種）、ベーコン、ビール、ラムなど非ハラルの飲食物の名前を使用してはならない。

そのほか、広告についても、シャリア法の原則に違反せず、シャリア法に反する下品な内容を表示しないこととされる。肌の露出度の高い女性が出演するテレビCMなどは、許されない。

第４は、食品表示である。包装・容器には全て、判読可能で、文字が消えないようマークをつけるか、または容器にラベルを貼り付けることとし、下記を記載することとされる。

製品名およびブランド（ハラル認証書に記載されたとおりに記載すること）

メートル法による正味量

製造者、輸入者、販売者の氏名、住所、商標
原料成分のリスト
製造日、製造番号、賞味期限を示すコード番号
原産地

1次加工の食肉製品については、食肉処理日、加工日も記載することとされている。また、当然、ハラル認証マークを貼り付けることが必要である。

インドネシア国家食品医薬品監督庁（BPOM）は、豚成分を含む食品については赤字でMengandung Babi（豚成分を含む）と記載し、赤色の四角で囲むこととしていたが、2018月10月から、豚を含有していなくても、同じ施設で豚成分を扱っている場合には、その旨記載する必要があるとしている（JETRO, 2018a）。

第2節　詳細規定

1. アルコールの規定

(1)　食品の中のアルコール

アルコール飲料（khamr）はハラルではない。アルコール（エタノール）そのものが問題ではなく、アルコール「飲料」が問題である。khamrとは、酔わせるものという意味であるが、日本ではこれをアルコール飲料と訳しているので、誤解が生じている。エタノールという化学物質はハラルである。もちろん、たとえば、プロパノールもブタノールも単なる化学物質であり、ハラルである。ワイン、ビール、酒、ウイスキーなど種類を問わず、アルコール飲料は禁止である。アルコール飲料は、その用途を問わず、使用できない。直接飲むのではなく、食品に少量添加することもできない。添加後に除去される場合でも、使用できないとされている。

アルコール飲料は、エタノールの含有率にかかわらず利用できないので、いわゆるノン・アルコール・ビールもハラルではないとされている。マレーシアでは、アルコールの許容含有率については、はっきりとは示していない。しかし、インドネシアでは、酔わせるものは何であっても、khamr（アルコール飲料）であるという原則を述べつつ、1% のエタノールを含む飲料は、khamr（アルコール飲料）に分類されるとしている。1% 未満のエタノールを含む飲料は、khamr（アルコール飲料）には分類されないが、それを消費することはハラム（禁止）であるとしており、実務的な扱いは、マレーシアと大差はない。

アルコールを意図的に混入した食品はハラルではない。しかし、発酵食品中に自然に発生したアルコールが少量含まれる場合の扱いは難しい。副生した微量のエタノールを取り除くことは技術的には可能であっても、エタノールが食味・風味上重要な要素であり、品質上除去できないケースが多いからである。そのような食品は、インドネシアやマレーシアの伝統的な食品の中にもあり、アルコールの含有率にもよるが、一般的には問題とはならないとされている。アルコールを微量含む醤油や食酢の扱いは微妙である。食酢は、コメの澱粉（ぶどう糖）からアルコール発酵でエタノールになり、さらに酢酸発酵で酢酸（酢）になるからである。米、ブドウから造る酢は、生産プロセスや残留のエタノール含有量にもよるが、一般的には、ハラルであるとされているようである。ただし、酒、ワインから作る酢はハラルではない。なお、インドネシアでは、酢そのものはハラルとしている。キッコーマン㈱は、日本国内の業務用として、商品名「キッコーマン　ハラールしょうゆ」を、2017 年 8 月から発売した。同製品は、酵母による発酵過程を経ないで製造されており、オランダの認証機関（Halal Feed and Food Inspection Authority）から認証を受けている（キッコーマン、2017）。ただし醤油中のアルコールに関するトラブル事例がある（第 4 章第 1 節 3）。

インドネシアでは、アルコール飲料産業の副産物について詳細に規定している。副産物およびその派生物は、食材として使用できない。それらが醸造酵母のような固体の場合には、イスラムのルールに従って洗浄すれば、使用できるとしている。アルコール産業の副産物であっても、それが化学反応で特定の他の物質に変わった場合はハラルであるとしている。この点ついては、第8章第1節1で詳述する。

アルコールを含む食品に対する判断は難しいため、個別案件ごとに、各国の認証機関の助言を受けることが重要である。

⑵　洗浄用アルコール

アルコール「飲料」を使用できないとしているのであり、食品機械の洗浄用の工業アルコール（合成アルコール）は、マレーシアの制度においても許容されている。

エタノールを主成分とする洗浄・消毒剤は食品工場において多用される。食品機械だけでなく、食品工場床面の洗浄、職員の手の洗浄にも利用される。エタノールは、70 － 80%の濃度において、主要な食中毒菌に対して強い殺菌作用があるだけでなく、食品機械・金属に対する腐食性が小さいこと、万が一食品に触れても、（非イスラム教徒にとっては）飲用・食品添加物にも供される物であり安全であるからである。

ハラル制度では、工業用アルコール（合成アルコール）を飲用以外の用途（たとえば、プロセス・機器の洗浄や消毒、エキスの抽出）に使用する場合は、認められるケースが多いとされる。しかし、発酵生産アルコールは、食料プロセス・機器でも用いることはできない。合成アルコールと発酵アルコールとは、いずれもエタノールという化学物質であり、同じものである。このため、両者を区別する意味が、非イスラム国の食品企業には、かなりわかりにくい。

洗浄用アルコールについてもトラブルになりやすいので、各国の認証機関に問い合わせるべきである。

2. 派生物

⑴　派生物とは

派生物（Derivative）とは、ある食材に由来する物のことである。派生品は元の食材の性格を引き継ぐことになる。その食材が禁止であれば、派生物も禁止食材となる。たとえば、豚が禁止であるので、その派生物である豚肉だけでなく、ラード（豚脂）も禁止となるということである。豚肉を加工したり、反応させたりして得られたものも派生品である。それが、単なる化学物質になっていても派生品であり、ハラルではなく、使用できないこととなる。豚の体内から抽出された物、豚の体外に付着していた物も派生品である。

食品工場の現場のハラル対応で、トラブルの原因になる可能性が最も高いのは、納入される原料中の派生物である。後述の有名なインドネシア味の素事件（第 4 章第 1 節 1 ）も、納入原料中の派生物が原因であった。食品工場におけるハラル対策＝派生物対策と言っても過言ではない。派生物がトラブルの原因になりやすいケースを以下に示す。

⑵　動物由来品：用途の広さ

派生物で問題になるのは、動物由来品である。動物からは単に肉や脂肪が得られるだけでなく、いろんな部位から多種多様な物が得られるからである。

最も代表的な禁止食材である豚は、図表 2-4 で示すとおり、いろんな部位が食品に利用され、しかも食品の用途が極めて広いことである。部位については、豚肉だけでなく、ラード（豚脂）、皮、内臓、血液、骨、毛も派生品として禁止の対象になる。また、豚から単離された微生物、抽出された酵素も派生品として使用できない。用途の広さについては、たとえば、ラードの派生物は、即席めん、レトルトカレー、スープストック、調味料、香味料、マーガリン、ショートニングなどさまざまな食品に使用される。また、豚の皮膚の派生物であるゼラチンは、常温域でゾル－ゲル変化を可逆的に行なえるだけでなく、保水性、形成性、結着性、起泡性等において優れた物性を有しているため、食品の製造プロセスで、乳化剤、発泡剤、結合剤、安定剤として、非常に幅広く使用されている。しかも、非イスラム社会では、豚由来のゼラチンは、生物由来であること、牛由来のゼラチンと違って狂牛病（BSE）の問題がないことから、健康上・安全上の問題のない食材として、むしろ積極的に使用される。

派生物の問題で、豚よりもさらに難しいのは、シャリア法に従って屠畜・処理されなかったハラルの動物に由来する物である。牛、羊、ニワトリなどは、豚と異なりハラルであるが、屠畜に際し電気ショックが利用されるとハラルでなくなり、それから得られた物はすべて派生品としてハラルでなくなる。これらの派生品は豚由来でないので、納入を受ける食品企業もチェックが甘くなりがちである。しかも派生物の単純なDNA検査では、それがハラルであるかどうかはわからない。

⑶　遺伝子組み換え食品

これまでは顕在化してこなかったが、派生物として問題となる可能性があるのが遺伝子組み換え食品である。遺伝子組み換え作物から作られた加工食品は、派生物の考え方を持ち出すまでもなく、禁止食材の表（図表2-3）中の「遺伝子組み換え生物（GMO）の製品・副産物を含有する飲食物」という記述から直接にハラルでないことがわかる。問題は遺伝子組み換え飼料を食べた家畜である。このような家畜がハラルでないとすると、国内のほとんどの家畜がハラルではなくなる。その結果、国産の動物由来品のすべては、たとえ動物が適正に屠畜・処理されていても、ハラルでなくなる。また、このような動物の糞尿を肥料とする有機農産物も同様にハラルではなくなる。

⑷　高次加工品、化学品

派生物がトラブルになりやすい理由の１つに、多くの派生物が元の食材の形状を残していないことがある。素材の形から、その食材が何であるかがわからない。とくに、２次加工・３次加工された派生物や何社もの納入業者を経た派生物は、工場の現場での判断を難しくしている。紛体や流体になった派生物の判断がとくに難しい。

中でも、化学品になった派生物は問題になりやすい。簡易分析では、その由来がわからないことが多いからである。たとえば、豚皮から得られるコラーゲン、コラーゲンを加水分解して得られるゼラチンやコラーゲンペプチドなどで

図表 2-4　豚の派生品とその食品への応用の例

豚の部位	主な派生品	使用されている食品の例
肉		ベーコン、ハンバーグ
脂肪	ラード	食用の乳化剤、即席カレー類、マーガリン、ショートニング、調味料、スープ、香味料
	グリセリン	食品添加物（着色料、着香料）の溶媒、菓子類の保湿・晶出防止剤、タバコの保湿剤
皮	ゼラチン	アイスクリーム、シャーベット、ヨーグルト、ホイップクリーム、ファットスプレッド、ゼリー、プディング、ムース、ババロア、キャンディ、キャラメル、マシュマロ、ケーキの生地、せんべい、あられ、粉末スープ、ガム、可食フィルム、ハム・ソーセージの結着剤、惣菜、ワインの清澄剤
	コラーゲン	健康食品、ソーセージの皮（形状維持剤）
	コラーゲンペプチド	健康食品
胃	ペプシン	タンパク質分解プロセス
	レンネット	チーズ製造プロセス
膵臓	トリプシン	タンパク質分解プロセス
	パンクレアチン	食肉軟化プロセス
	ホスホリパーゼ	リゾレシチン（乳化剤、栄養剤等に利用）
気管軟骨	コンドロイチン硫酸	健康食品
胎盤	プラセンタ	健康食品
小腸		ソーセージの皮
血液	赤血球	ハムの色調向上
骨	焼成→活性炭	食品（砂糖など）の精製
毛	L- システイン	香料の原料、パン熟成プロセス（パン生地の改良剤）（ピザクラス、ピタパン（中東特有のパン）、ベーグルに多用される）、豆腐用凝固剤、中華めん用かんすい、ソーセージの結着剤

出典：拙稿を一部修正して引用（並河、2010）。

ある。これらの化学品は、元の動物の痕跡が残るが、純粋の化学物質となった場合には由来は全くわからない。たとえば、豚脂の加水分解により得られるグリセリンがある。精製されたグリセリンは、その由来にかかわらず、同じ分子構造を有している。

化学品については、別の問題もある。その多くは、ごく少量しか使われないことである。たとえば、ゼラチンは、上述のとおり幅広い用途に使用されるが、ゼラチンの年間消費量は世界で30万トン程度、国内で2万トン程度（各種資料から、筆者の推測）にすぎない。ゼラチンは、ごく少量の添加により、食品の物性を劇的に変化させることができるからである。また、酵素やアミノ酸（例：人間の毛髪由来のL-システイン）についても、極めて少量しか使用されない。このような少量しか使用されていない食材は、その外観からは何も見えないので、食品工場の現場で、使用について思い至らないことがある。また、少量の添加剤については、納入企業の分析シートに記載されないことがある。さらに、納品後のチェックの過程でも、見逃される可能性がある。

3. 中間投入物

ハラル制度における中間投入物とは、食品の製造工程で使用されるが、製品中には残留しない材料のことである。ハラルでないものが、製造工程で投入されると、製品である食品もハラルではなくなる。派生物と同様に、原料が納入された食品企業の現場で対応するのに苦労する事案である。納入された原料の製造工程でハラルでないものが投入されていても、納入品中にそれが検出されなければ、食品企業は、それをハラルと判断してしまう恐れがあるからである。納入品が精製されていると、通常の分析では、中間投入物を検出することが困難である。中間投入物の問題が顕在化するケースは多様である。

第1に、酵素などの触媒が中間投入物であるケースである。酵素は、食材ではなく反応の触媒として用いられるだけで、使用後は、失活・除去されて製品中には残らないことが多い。しかし、豚など非ハラルの動物に由来する酵素は使用することはできないとされている。問題は、豚由来の酵素が食品製造工程で多用されることである。図表2-4に示したように、豚から得られる酵素には、胃から採れるペプシン（用途：タンパク質の分解工程）、レンネット（用途：チーズの製造）、膵臓から採れるトリプシン（用途：タンパク質の分解工程）、パンクレアチン（用途：たん白質、炭水化物および脂肪の分解、食肉の軟化処理）、ホスホリパーゼ（用途：リゾレシチンの製造）などがある。

第2に、中間投入物が、物理的に分離・除去されるケースである。たとえば、ワインなどのアルコール飲料が、ソースの製造プロセスで加えられるが、エタノール成分は蒸発等により完全に除去されるケースである。ワインは、風味や香りを付与するために投入されるのであり、アルコール分は本来の目的ではないが、使用できない。（注―ただし、インドネシアのHAS 23000:1は、最終製品中のアルコールが検出されず、中間体中のアルコールレベルが1％未満であれば、アルコール飲料を使用できるとしている。）

ラード（豚脂）が、パンの製造プロセスで使用され、蒸留精製によりラード成分は除去され、パンの中に全く残留しないケースも、これに該当する。この場合も、ラードは、パンの生地の一部を構成するためではなく、パンに触感や風味を与えることだけが目的であるが、使用できない。

また、食品に使用される物質の抽出に発酵アルコールが使われることがある。たとえば、食品用の香料の多くは、植物等からアルコールを含む各種溶媒で抽出される。食品として使用されるのは、その抽出物であって、アルコールはすべて除去される。このケースも、一種の中間投入である。

豚の骨を焼成した活性炭を水の精製に使用し、処理後に除去する場合も、中間投入のケースである。

第3節　ハラル認証

1. 認証プロセス

⑴　原則

審査の仕組みは、国により宗教機関により異なる。国ベースの認証を大規模に行っているマレーシアやインドネシアの審査は、国の許認可とほぼ同様の、体系的で精緻な仕組みである。マレーシアの制度の例を中心に、その概要説明する。

極めて重要なことは、認証は個別製品（商品）の個別ラインごとである、という点である。工場単位で認証を受けるJISやISOとは異なる。同じ製品を2つの工場で製造する場合には、その双方で認証を受ける必要がある。

⑵　手続きの流れ

マレーシアにおける手続きの流れを、図表2-5示す。申請は、オンライン登録、オンライン申請から始まり、必要書類の提出→書面審査→現地調査→審査報告書に基づく評議→ハラル認証となる。まず、提出書類の形式審査が行われ、不備がない場合には、書面審査が行われる。書面審査は、シャリア審査（宗教審査）と技術審査に分かれる。不備がない場合には、手数料の納付後、現地調査が行われる。書式や書面記載内容の不備は、訂正して再度提出することが可能である。現地調査は、会社幹部に対する面接調査、工場の現場調査、幹部に対する再度の面接調査の3つで構成される。現地調査で指摘された事項を修正して、再度の現地調査（再調査）を受けることもできる。特段の問題がない場合は、現地調査の報告書が、ハラル認証パネル（認証委員会）に提出され、ハラルの要件を満たしている場合には、事前評議、本評議の2回の評議を経て、ハラル認証に至る。

マレーシア国外の工場で製造される食品についても、現地調査を経て、ハラル認証を取得することができる。

⑶　審査期間、認証費用

ハラル認証を得るのにかかる日数は、国により、宗教機関により、様々である。マレーシア国内の場合、すべての要件を満たしており、HCCAP、GMP（Good Manufacturing Practice：適正製造基準）を取得しておれば、最短で、オンライン申請から2週間である。現地調査の中で指摘された事項の是正に日数がかかると、6ヶ月とか1年かかる可能性がある。海外の工場に対する国際的な認証については、過去の事例では、平均すると3カ月から6カ月である。最近、審査に要する日数が長くなっているとの情報がある。

費用も千差万別である。マレーシアの場合、認証費用と登録費用を納付する必要がある。国内認証と海外認証で、費用は異なる。国内認証の場合。その費用は、企業規模により異なるが、多国籍企業（大企業）でも、2年間（認証の有効期間）で2,000リンギット（約50,000円）程度である。

海外認証の場合は、ASEAN諸国は2100リンギット（約52,500円）、ASEAN諸国以外は2,100US$＋現地調査費用（実費：調査員の交通費・宿泊費）とされている。現地調査には複数の調査員が来所するので、航空券代、ホテル代などの負担は、相当のコストとなる。現地調査に際しての通訳の費用、各種書類を英語に翻訳する費用も必要となる。

費用は改訂されるので、直近の情報をチェックする必要がある。

2. 認証の内容

審査において最も重要なプロセスは、担当官による現地調査、つまり工場、事業所への立入調査である。調査員の数は原則として2名（食品技術の専門家と宗教学者）である。なお、屠畜・食肉処理工程が含まれる場合には、獣医学の専門家も同行する。現地調査は、マレーシア国内の場合、通常は、申請から2週間から1カ月後に実施される。調査日数は、施設が1か所であれば、通常は1日である。

現地調査は、図表2-5で示したように、①面接：工場概要の説明、②実査：工場現場の調査、③面接：調査内容の確認の3ステップで行われる。

①では、会社管理者およびハラル責任者からの聞き取り調査、各種書類のチェックが行われる。管理体制、人員配置、生産品目、原料の納入元、輸送業者、工場・事業所の図面、製造ラインのフロー、安全・衛生・品質管理の許認可状況、同資格の取得状況などが調べられる。

②では、原材料、製造ライン・機器、調理具・器具・加工機器、保管・陳列状況、包装・ラベル付工程、廃棄物管理の実地調査が行われる。食品衛生・公衆衛生の状態、品質管理・品質保証の実施状況もチェックされる。さらに、工場・事業所の施設、そのレイアウト、敷地の調査、周辺地域のチェックも行われる。

図表 2-5　ハラル認証手続きの流れ（マレーシアのケース）

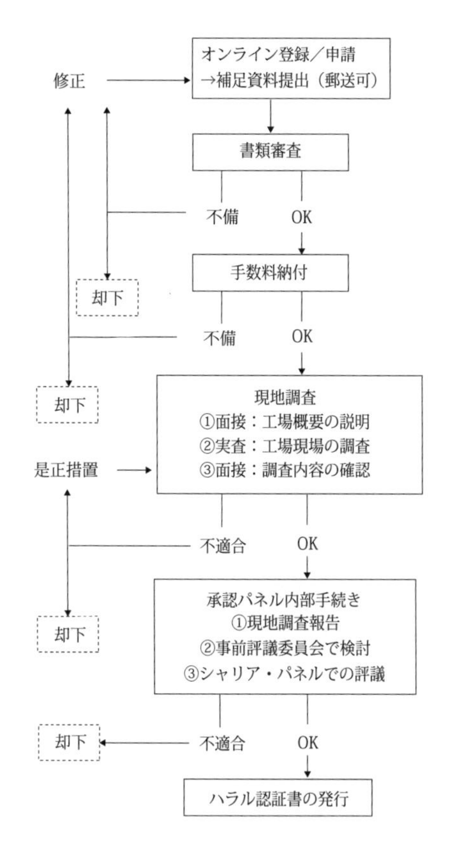

出典：筆者作成。

必要に応じ、写真撮影が行われる。また、食品や原料のサンプリングも行われ、サンプリング試料は、国立研究機関で分析にかけられる。食品包装・容器もハラルであることが求められるので、包装・容器やその材料がサンプルとして提出を求められることがある。分析にかかる費用は申請者の負担である。

一般の食品工場で、最も重視されているのは、第1に、原材料はハラルであるか、製造工程でハラルでない物が混入しないか、保管時にハラムの物と接触しないかである。原材料については、派生物や中間投入物を含めて、特に厳密な調査がなされる。第２は、食品衛生と品質管理の状態である。なお、周辺地域の調査は、近隣に立地する養豚施設や下水処理場の存在をチェックするためである。

③は、工場での実査が終了した後に行われる。会社管理者およびハラル責任者と面接し、調査所見を確認する。

調査報告書の写しは申請者に交付される。確認のために追加調査が行われることがある。ただし、「再調査」は、ハラル認証パネルの決定に基づき、１回に限り行われる。

3. 認証機関

(1) 認証機関の原則

ハラル認証機関とは、個別の製品やサービスがハラル規格に適合しているかを審査する機関である。一般には、認証機関が、ハラル認証証を交付し、ハラルマークの使用を認め、認証後の監視、違反者に対する処分なども行う。

ハラル認証機関は宗教機関である。イスラム教では、何がハラルであるかを判断するのは神のみである。しかし、現代では、日々の経済活動や消費活動の中で、個別の物やサービスがハラルかを知る必要性がある。昔には予想できなかった物やサービスがあること、経済のグローバル化の中で非イスラム諸国からハラルでない物やサービスが多数流入してくることが、その背景にある。現世の人間がハラルであるか否かの判断をすることは、本来は許されていないが、このような事情から、宗教機関が、便宜的に、宗教的な判断を行っている。したがって、ハラル認証機関は少なくとも宗教機関でなければならない。ハラル認証は、イスラム教における勧告、布告、見解などを司っているファトワ機関が母体となって、行うのが原則である。上記（第２章第３節 2）のとおり、ハラル審査の内容は外見上技術的な要素が強いので、化学分析企業／団体が行う業務との差異がないように見える。しかし、ハラルというのは極めて宗教的な概念であり、一般の企業／団体が宗教判断を行うことは許されない。

⑵　認証機関の有無

ハラル認証機関が明確な形で存在するのは、ハラル制度を有する国だけである。中東のほとんどのイスラム諸国では、国ベースで統一されたハラル制度を有していないので、認証機関もない。国ベースで統一されたハラル制度があり、認証機関が機能しているのは、東南アジアなど一部の国に限られる。

一般的に、国ベースのハラル制度がある国では、1つの学派が国を支配している。イスラム教は、大きく、スンニ（Sunni）派、シーア（Shia）派、その他（アハマディ派（Ahmadi）など）に分かれ、それぞれがいくつかの学派に分かれている。スンニ派では、ハナフィー（Hanafi）、ハンバル（Hanbali）、マーリク（Maliki）、シャーフィー（Shafii）の4学派に大きく分かれている。東南アジア（インドネシア、マレーシア、ブルネイ）では、スンニ派のシャーフィーが圧倒的な勢力を持っている。南アジア、中央アジアは、スンニ派のハナフィーが優勢である。マレーシアでは、シーア派の布教そのものが事実上認められておらず、シャーフィー学派の社会的・政治的な力が強いので、ハラル制度が円滑に機能するのである。

非イスラム諸国では、国を統一するイスラム教の学派がないので、多種多様な学派の宗教団体が認証の組織を設けている。宗教組織による統制がないので、宗教的なバックのない認証団体も多く存在する。国によっては、認証機関が乱立と言わざるを得ない状態になっている。

主な国のハラル認証機関を、非イスラム諸国も含めて、図表2-6に示す。

4. 認証マーク

宗教機関からハラル認証を得ると、認証証が交付され、製品にハラル認証マークを貼付できる。ハラル認証マークは、認証をした宗教機関により、個別に定められている。つまり、認証機関の数だけハラル認証マークがあることになる。ハラル認証マークの使用のルールも、認証機関（宗教機関）により異なる。マレーシアでは、以下のようなルールである。

認証証は、認証を得た住所地に常時掲示しなければならない。ハラル認証証

図表 2-6　主な国のハラル認証機関

インドネシア（認証機関変更の過渡期のため、旧機関の情報を示した）	
名称（新機関）	Badan Penyelenggara Jaminan Produk Halal（BPJPH）
名称（旧機関）	Lembaga Pengkajian Pangan, Obat-obatan dan Kosmetika, Majelis Ulama Indonesia（LPPOM-MUI）
住所（同）	Gedung Majelis Ulama Indonesia, Jl. Proklamasi No. 51 Menteng, Jakarta Pusat, Indonesia
電話 FA（同）	Tel: +62-21-391-8917, Fax: +62-21-392-24667
E-mail（同）	services@halalmui.org
WEB（同）	http://www.e-lppommui.org/
マレーシア	
名称	Department of Islamic Development Malaysia Jabatan Kemajuan Islam Malaysia（JAKIM）
住所	Aras 6 & 7, Blok D, Kompleks Islam Putrajaya（KIP）, No. 3 Jalan Tun Abdul Razak, Presint 3, 62100 Putrajaya, Malaysia
電話、FAX	Tel: +60-3-8892-5000, Fax: +60-3-8892-5005
E-mail	pr_halal@islam.gov.my
WEB	http://www.halal.gov.my/v4/
シンガポール	
名称	Islamic Religious Concil of Singapore Majelis Ugama Islam Singapore（MUIS）
住所	273 Braddell Road, Singapore 579702
電話、FAX	Tel: +65-6359-1199, Fax: +65-6253-7572
WEB	http://www.muis.gov.sg/
タイ	
名称	Central Islamic Committee of Thailand（CICOT）
住所	45 moo 3 Klongkao Rd. Klongsib Nongchok Bangkok 10530, Thailand
電話、FAX	Tel: +66-2949-4114 / 4146, Fax: +66-2949-4341 / 4250
WEB	http://register.cicot.or.th/en/
米国	
名称	Islamic Food and Nutrition Council of America（IFANCA）
住所	777 Busse Highway, Park Ridge, Illinois 60068, USA
電話、FAX	Tel: +1-847-993-0034, Fax: +1-847-993-0038
WEB	https://www.ifanca.org/
アラブ首長国連邦（日本の連絡先を示す）	
名称	Emirate Halal Center
住所	東京都港区虎ノ門 5 丁目 3-15
電話、FAX	03-3578-8800
E-mail	info@uae-halalcenter.com
WEB	http://emirateshalal.com/#

注：連絡先は変更の可能性がある。最新の情報をチェックして連絡すること。

は、売買、貸借、交換、偽造、不正使用、変造できないのは当然である。実務上、とくに重要な点は、有償無償を問わず、名義貸し（名板貸し）はできないという点である。ハラル認証は、個別の品目について、特定企業の特定ラインに対して与えられているので、認証マークは、他社の（技術的には同じラインであっても）ラインには使用できない。他社に委託生産する場合にも、自社の認証マークを流用することはできず、受託企業は、その納入品について、別の認証が必要となる。

認証証の記載内容（企業名、商品名、住所等）に変更が生じた場合、認証証を紛失、毀損した場合には、JAKIM に届け出る必要がある。なお、ハラル認証マークの使用については、一般の表示関連法規の規制を受ける。ハラルでなくなった後も、製品にマークを貼付していると、一般法令違反で警察や行政機関による捜査を受けることもある。インドネシア味の素事案（第 4 章第 1 節 1）は、このような表示関連法令違反が、直接の容疑であった。

認証マークの使用ルールは、施設別に規定されている。工場・屠畜場関係では、認証マークは、各製品に印刷するか明瞭に貼付すること、製品の包装の色に合わせて色を付けてもよいが原マークの特徴を維持すること、広告の目的で使用してもよいこととされている。レストラン等では、認証を得た施設にのみ掲示できること、認証を得たメニューにのみ表示できること、広告の目的で使用できることとされている。ホテルに関しては、マークは、認証を受けたレストラン等及びそのメニューに掲示・表示できること、厨房だけが認証を受けた場合は厨房にのみ掲示できること、支払いカウンターには掲示できないことなどが規定されている。運送・倉庫については、そのサービスを提供する施設に掲示すること、広告の目的で使用できるとされている。

認証マークを広告の目的に使用してもよいと、わざわざ規定してあるのは、宗教的な倫理を守るのは当然であるにもかかわらず、そのことをことさらに強調して金儲けをするのはよくないとの考えが、以前には強かったからである。かつてシンガポールでは、2011 年改正のハラル制度では、ハラル認証マークを広告に使用する場合は事前に認証機関（MUIS）の許可を得るべきことが明

写真 2-1　各国のハラル認証マーク

マレーシア

インドネシア

シンガポール

タイ

オーストラリア

中国

注：
マレーシア：　　2018 年 3 月、筆者撮影。
インドネシア：　2018 年 8 月、筆者撮影。
シンガポール：　2018 年 8 月、筆者撮影。
タイ：　　　　　2018 年 8 月、筆者撮影。
オーストラリア：2018 年 8 月、筆者撮影。
中国：　　　　　2016 年 4 月、筆者撮影。

記されていた。

写真 2-1 に、いくつかの国のハラル認証マークを示す。

5. 認証後の検査と違反

⑴　更新・変更

マレーシアでは、認証の有効期間は 2 年間であるが、更新が可能である。更新のためには、有効期間満了の 3 か月前までに申請し、新規の認証の場合と同様に、現地調査を含む審査を受ける必要がある。

認証後に、原料（中間投入物を含む）を変更する場合には、JAKIM に申し出て、必要に応じて、現地調査を含む審査を受けることになる。同じ原材料でも、原料の品種を変更する場合、調達先を変更する場合も申し出る必要がある。

認証を受けた製品であっても、製造プロセスの変更、製造ラインの増設を行う場合も同様である。新たな製品を製造する場合には、当然、新たに申請をする必要がある。繰り返しであるが、ハラル認証は個別製品（商品）の個別ラインごとである。工場単位で認証を受ける JIS や ISO とは異なる。

⑵　検査

ハラル認証を取得後も、検査が行われる。検査は、ハラル制度および関連法令に基づいて行われる。食品衛生法など他法令に基づいて検査が行われた機会に、ハラル制度違反が発覚した時には、ハラル制度に基づく処分がある。後述（第 4 章第 1 節 2 ）のトラブル事例のマレーシア・チョコレート事案は、このケースである。

検査には、①定期検査（原則として年 1 回行われる）、②通報検査（違反通報があった場合に行われる）、③強制検査（定期検査、通報検査の結果を見て行われる）、④継続検査（以前の検査で違反があった場合に行われる）の 4 種類がある。強制検査は、JAKIM と関係機関との合同で行われる。

⑶　違反と処分

検査の結果、違反が判明すると、所定の手続きを経て、ハラル認証を得ている企業に対して処分がなされる。違反は、その態様に応じて、軽微な違反、重要な違反、重大な違反の３つに区分される。この区分からハラル制度は何を重視しているかを明確に知ることができる。

「軽微な違反」は、施設・機器・環境の清潔さ、害虫管理、職員の衛生状態に関する問題、職員のワクチン接種の懈怠、検査員から求められた書類の不作成、さらには、納入企業の変更（ハラル認証を有する企業への変更）などである。「重要な違反」としては、認証のない納入企業の追加、申請書に記載していない添加物の追加、所定のイスラム教徒数の不足、ハラル認証マークの不正使用、施設内での偶像の掲示などがある。

「重大な違反」のうち宗教的なものとして、ハラム（不浄な）原料の使用、ハラル原料とハラム原料の混合、ハラル食材（製品）とハラム原料（製品）の倉庫の共用、ハラル製品とハラム製品の機器の共用、不適正処理動物の使用、致死的な電気ショックの実施がある。重大な技術的な違反としては、届け出せずに、工場や施設を移転すること、管理者、企業名を変更すること、ハラル規格に拠らずに動物を屠畜すること、非イスラム教徒による電気ショックの操作、ハラムの原料を施設内・企業内に持ち込むことなどがある。

処分は、軽微な違反に対しては、期間を定めた修正警告がなされ、継続検査の結果により、ハラル認証の停止処分がなされる。重要な違反に対しては認証の停止処分、重大な違反に対しては認証の取り消し処分がなされる。処分に至るプロセスが恣意に陥らないように、処分の手続きが定められている。

このように、ハラル制度の違反に対する最大のペナルティは、認証の取り消しである。最も重要なことは、JAKIM 等の機関は、違反企業に対してハラムのものが混入した製品の回収を命じることができる点である。違反企業は、多大のコストと時間を要し、しかもイスラム社会での信用を失墜することになる。このような点については、トラブル事例として後述する（第４章第１節）。

第３章 食品以外のハラル制度

第１節　食肉処理のハラル制度

1. 食肉処理の原則と特殊性

屠畜・食肉処理は、ハラル制度の中で特殊な位置を占めていており、他の食品とは分けて規定される。ハラル制度の中で、屠畜・食肉処理は４つの特徴を有している。

第１は、ハラル制度の中で最も宗教的な箇所である。イスラム教徒の関与や宗教的な行為を要求されるからである。その基本思想が西欧的な価値観と矛盾するため、非イスラム諸国で実施が難しく、国際的なトラブルに発展しやすい工程である。

第２は、多くのイスラム諸国の間で、内容にほとんど差がないことである。どのイスラム諸国においても、ハラルであるための要件およびその要件の厳しさに差がない。ハラル制度が機能していないイスラム諸国においても、屠畜・食肉処理のハラルの確認だけは、他国と同様に実施されている。

第３は、多くのイスラム諸国で、政府の関与が強いことである。ほとんどイスラム諸国で、食肉輸入の通関時に、家畜衛生法令等に基づくチェックと合わせて、屠畜・食肉処理のハラルをチェックしている。海外の屠畜・食肉処理施設への検査員の派遣も行っている。

第４に、政府が関与する結果として、原則として任意規定であるハラル制度の中で、屠畜・食肉処理の規定だけは、強制法規と結びついて強制規定として機能している。

屠畜・食肉処理については、まず、シャリア法に則った動物の保護を考慮するという原則が示されている。これに続き、屠畜・食肉処理の要件は詳しく規定されている。

2. 食肉処理の方法

⑴ 食肉処理者の要件

屠畜・食肉処理者は、精神的に健全で、成熟したイスラム教徒で、イスラム教の屠畜・食肉処理に関する基本原則及び条件を完全に理解している者であることが求められる。食肉処理者は所轄官庁からハラル食肉処理の資格を受けている必要がある。また、訓練を受けたイスラム教徒の監督者を任命し、動物がシャリア法に則って適切に食肉処理されたことを確認させることとされている。

また、処理において、（原則として許されないが）電気ショックを利用する場合には、使用する電流の強さは訓練を受けたイスラム教徒が監督することとされている。

⑵ 食肉処理の前提

食肉処理作業に入る前に満たすべき要件がある。

第１に、処理する動物の要件である。屠畜・食肉処理する動物はハラルでなければならない。動物は、屠畜時に生きているか、もしくは「生きていると見なされる状態（hayat al-mustaqirrah）」にあることが必要である。さらに、食肉処理する動物は健康であり、所轄官庁の承認を受けたものであることも求められる。

第２に、処理の作業の要件である。食肉処理作業は、ニヤ（niyyah）という状態（その行為の意味を十分に理解して、行為を真摯に行うという精神状態）

で、神の名において行い、その他の目的では行わないこととされている。食肉処理の直前に、タスミヤ（tasmiyyah）と言われる宗教的言辞をとなえることとされている。また、メッカの方向を向いて処理を行うことが望ましい。

⑶　食肉処理の方法

具体的な処理方法は次のようになっている。実務的に、最も重要なことは、屠畜には、ナイフの利用が原則であり、ショック法の利用は好ましくないとされている点である。

①処理は、首の声門の真下の箇所の切開で開始すること。首長の動物では、声門の下の部分を切開することで開始すること。

②処理では気管、食道、頚動脈・頚静脈双方を切断して動物の出血を、ひいては死を早めること。

③失血は最後まで自然にまかせること。

④屠畜のための操作は一度限りとすること（１つの動作で完了すること）。

これらの切断は一度ですべきであり、いったん刃を離すということは認められない。ナイフまたは刃が動物から離れない限り、「鋸で引くような」動作が許される。要するに、鋭利なナイフで、頚椎を残して、気管、食道、頚動脈・頚静脈を、１回でスパッと切断するということである。

なお、家禽類については、ハラルの食肉処理の結果死亡したとみなされる動物に限り、熱湯処理を行うこととされている。

さらに、機器の要件である。屠畜・食肉処理ライン、用具および道具はハラル専用とすること、屠畜・食肉処理用ナイフまたは刃は鋭利であり、血液およびその他の不純物が付着していないことが必要である。骨、爪及び歯を食肉処理用具として使用しないこととされている。

なお、屠畜に失敗する、つまり、上記の要件を満たさない屠畜が行われると、当該動物の食肉はハラルではなくなる。ある個体のハラル屠畜に失敗すると、その処理ラインは、ハラルでない食肉を扱ったことになり、下記（本節２（4））のとおり、専用ラインの原則に触れることとなる。その結果、その後、同じ処理ラインで屠畜した動物の食肉もハラルでなくなるのかという問題が生じる。処理に熟練したイスラム教徒の確保が難しい国内では、ハラルの屠畜に失敗することが多いので、難しい問題である。しかし、インドネシアMUIは、失敗した食肉はハラルではないが、成功した食肉までハラルでなくなることはないとの解釈をしている。

⑷　食肉処理施設の要件

屠畜・食肉処理施設等については、次のことも求められる。

①処理施設や加工施設は、ハラルの食肉処理・加工専用とすること。

②食肉の骨抜き、切断、包装、保管等の工程は、屠畜施設と同じ施設または所轄官署が承認した施設で行うこと。

③処理施設では、ハラル製品以外の加工契約を外部と結ばないこと。

⑸　ショック法の利用について

屠畜に際しては、上述のとおりナイフの利用が原則であり、ショック法の利用は好ましくないとされている。もし、ショック法を採る場合には、その要件が細かく規定されている。

ショック法としては、電気ショックまたは圧搾空気の衝撃によるショックが許される。ただし、マレーシア、インドネシアをはじめほとんどのハラル認証機関は、ショック方式とくに電気ショック方式は用いないことを強く求めてくる。

ショック法を行う場合には、動物にショックを与え続けないこと、ショックによって動物を死なせないこと、動物に後遺症を伴うような傷を与えないことが定められている。その他、ショック機の共用制限、使用できるショック機の型式の指定、ショック機の型式の許可についても定められている。

また、電気ショック機、圧搾空気ショック機については、対象動物、機器の仕様、使用方法などが定められている。さらに、電気ショックについては、動物の種類ごとに、電流、電圧、通電時間などについて、運用条件が詳細に定められている。

ショックを利用することが推奨されない理由は、不明である。（イスラム教徒は、神が禁止したものについて、なぜ不浄なのか害になるのかを、また、どのように不浄なのか害になるのかを問うてはならないとされている。）しかし、トラブル事例等から、次の３つの理由が推察される。ショックを利用すると、動物は一時的に仮死状態になると考えられており、この３つの理由は、このことを前提としている。第１は、動物愛護である。動物を苦しめないためには、（仮死状態を経ずに）動物を一瞬で死に至らしめるべきであるからである。第２は、動物の死を厳粛に受け止めるという考え方である。動物は死の直前まで（仮死状態になることなく）覚醒した状態で、自らが死ぬことを理解すべきであるからである。第３は、死肉を口にしてはならないという原則である。健康で生きた動物を（仮死状態を経ずに）屠畜・食肉処理すべきであるからである。

3. 食肉処理の難しさ

ハラル制度の中で、屠畜・食肉処理のルールは、非イスラム諸国では、実施が困難な工程である。後述（第４章第２節）のとおり、食肉に関する深刻なトラブル事案が多いこともそれを示している。非イスラム諸国の屠畜・食肉処理現場では、以下の点で困難さを感じている。

第１は、強い宗教性である。イスラム教徒の必置、宗教行為の強制等である。第５章第１節で詳しく説明する。

第２は、労働安全である。ショック方法を用いない場合は、動物は死期を悟り暴れるため、屠畜に従事する職員が労働災害に遭う可能性がある。暴れる動物の頸部の定められた箇所にナイフを正確に当てて、脊髄を残して切断する作業はかなり難しい。動物の電気ショックにより仮死状態にすることで、動物が動かなくなり、作業員の安全を確保できるが、この方法を採ることができない。

第３は、ショックを用いない場合のコストの問題である。大規模畜産業では、屠畜・食肉処理が流れ作業で行われており、そのプロセスの中で電気ショックが導入されて、効率性が維持されてきた。１頭ずつ人が刃物で処理する方式では、時間もコストもかかりすぎるのである。ショック方式に代えて、大型動物の動きを封じる装置を導入する方式もある。全国開拓農業協同組合連合会の熊本・人吉食肉センター（以下、全開連）では、牛を固定したまま回転して、首部を切除しやすくするための装置を導入している（写真 3-1）。しかし、装置のコストが高く、ハラル食肉の需要の少ない日本では設備費を償却するのがかなり難しい。

鶏については、日々、多数の鶏を処理する必要があるが、すべての鶏に 1 頭ずつ宗教的言辞（タスミヤ）を述べていると、作業効率、コストパフォーマンスが著しく低下するという問題がある。

第 4 は、ハラル専用の施設・装置のコストである。この条件を満たすためには施設・ラインを増設する必要がある。ハラル食肉に対する需要が多くなければ、専用施設・ラインの稼働率が落ちて、設備投資費用を償却するのが難しくなる。

第 5 は、自然放血に任せることに伴う食肉の品質である。放血は食肉の品質・味に深く関係するため、自然放血は採りにくい。とくに鶏では自然放血の場合、関節や末端に血液が残り、うまく放血されないことがある。

第 2 節　食品以外の物のハラル制度

1. 化粧品・パーソナルケア製品のハラル制度

(1) 制度の構成

イスラム教徒は、不浄なものが体の一部に触れることも忌避する、そのため、食品だけでなく化粧品類についても、ハラルの考え方が適用される。いくつかの国の認証機関は化粧品類についてもハラル認証をしている。ここでは、マレーシアのハラル規格 Cosmetic and Personal Care–General Guidelines（MS 2200-

写真 3-1　ハラル屠畜のために牛を固定する装置

注：全国開拓農業協同組合連合会の許可を得て、撮影、掲載。
2015 年 2 月、筆者撮影。

Part1: 2008）に基づいて説明する。同規格は、狭義の化粧品だけではなく、パーソナルケア製品（トイレタリー製品）（定義は明示されていないが、アクセサリー類を含む）を対象とする。パーソナルケア製品とは、皮膚、髪、爪、唇、歯、口の粘膜などに接する製品である。人の病気を治療・予防するもの（医薬品類）は対象ではない。

化粧品類のハラル規格は、食品等のハラル規格と別に規定されているが、両規格には実質的な差異はほとんどない。化粧品類のハラル規格は簡単な構成になっており、管理、工場・施設、衛生、屠畜など、一般則に関する記述はなく、また、原料に関する規定も簡略化されている。これらについては、事実上、食品のハラル制度 Halal Food-Production, Preparation, Handling and Storage - General Guidelines（MS1500））および下記の化粧品類の一般規制法に委ねられている。

①化粧品規制ガイドライン（Guidelines for Control of Cosmetic Products in Malaysia, National Pharmaceutical Control Bureau）。

②化粧品適正製造基準ガイドライン（Guidelines for Cosmetic Good Manufacturing Practice, National Pharmaceutical Control Bureau）。

⑵　制度の内容

化粧品類のハラル規格を、少し長くなるが、食品と重複する部分も含めて、以下に示す。

第１に、ハラルの化粧品類の原則は、①人体の一部あるいはその成分、ハラルでない動物・適正に屠畜されていない動物由来の物、遺伝子組み換え生物由来の物を含まないこと、②製造・加工・保管工程で、不浄（Najis）なもので汚染された機器を使用していないこと、ハラルでないものから隔離されていること、③消費者に有害でないこと、である。

第２に、化粧品類の原料（素材）である。素材となる陸上動物は、ハラルの動物、適正に屠畜された動物であることとされている。また、陸上動物の羽毛や獣毛は、生きた動物から採取されていること、卵はハラルの動物のものであること、水生生物もハラルであることとされている。植物・微生物は、陸上・水中・空中のものを問わず、ハラルでかつ有害でないこととされている。土・水も同様である。

化粧品類の素材について特記された規定がある。化粧品類には、アルコール飲料（飲料用の発酵アルコール）でなければ、アルコール（エタノール）を使用してもよいとされている。化粧品の溶剤にエタノールが多用されるため注記されたものである。化粧品類の原料として、合成化学品を使用してもよいとされている。

第３は、清潔の保持である。化粧品類の規格には、食品の規格における製造段階の「衛生・保健」に関する規定に替えて、「清潔の保持」の規定が置かれている。食品は摂取するものであり、食品衛生・公衆衛生上の対応が極めて重要であるのに対して、化粧品人体に触れるに過ぎないという違いが反映されている。ただし、実質的には同じ記述である。

第４は、製造・出荷・流通段階のハラルの確保である。食品のハラル規格

写真 3-2　化粧クリーム

注：WIPRO UNZA Singapore 社（マレーシア）製。
　　2016 年８月、筆者撮影。

写真 3-3　ハンド・ボディ ローション

注：Wonderland Primary 社（マレーシア）製。
　　2016 年８月、筆者撮影。

と同じである。

製造ライン・道具類はハラル製品専用でなければならない。製品（成分）は、不浄（Najis）なもの、ハラルでない動物・適正に屠畜されていない動物由来の物を含有しないこと、安全であり有害でないこととされている。製造工程の装置や機器も、不浄なもので汚染されてはならない。もちろん、製造の各工程

写真 3-4　毛髪ゲル

注：Fujian 社（マレーシア）製。
　　2016 年 8 月、筆者撮影。

写真 3-5　抗菌パウダー

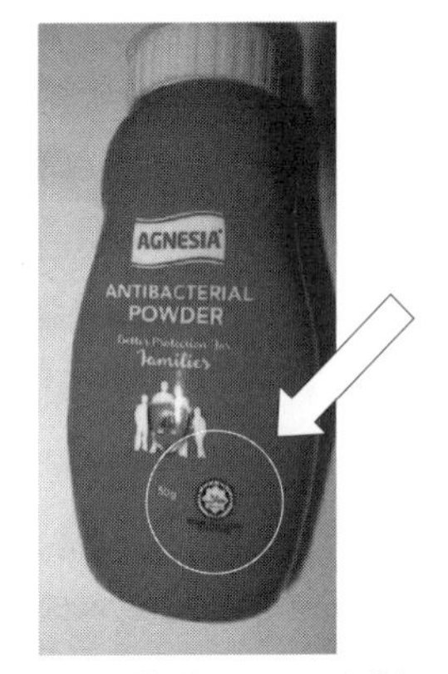

注：AGNESIA 社（マレーシア）製。
　　2016 年 8 月、筆者撮影。

で、ハラルでないものと隔離されなければならない。

機械・道具類が不浄（Najis）な物に汚染されたときには、宗教機関の監督の下で儀礼的洗浄を行う必要がある。儀礼的洗浄をした後はハラル専用とされなければならず、儀礼的洗浄をくりかえして、同じ機械・道具類をハラルと非ハラルの物の共用とすることはできない。

第５は、包装（容器）のハラルである。包装の素材は、不浄（Najia）の物、人体に有害な物を含んではならない。また、包装の製造機器類は不浄（Najia）なもので汚染されていないこと、包装の製造工程ではハラルでないものと隔離されていることが必要である。

包装・ラベリングの工程は清潔で衛生的に行われなければならない。ラベルの素材は、有害でなく、ハラルであることとされている。ラベルは判読しやすく、消えないようにすること等も規定されている。ラベルや広告はシャリア法に反しないこと、下品でないことも求められる。

なお、化粧品類については、食品の規格と異なり、商品に非ハラルのものの名称（ハム、バクテー、ベーコン、ビール、ラム）をつけることを禁止する規定がないが、これは、そういうケースが考えられないというだけである。

マレーシアのハラル認証を得た化粧品類の写真（写真 3-2 ～写真 3-5）を示す。

⑶　ハラル化粧品類へのハードル

化粧品類のハラルを確保するうえで、問題となりやすいのは、豚や非適正処理された動物由来の成分とアルコールである。

ラード（豚脂）は石鹸や質感向上剤として口紅に、ラードを加水分解して得られるグリセリンは保湿剤としてクリーム、ローション、歯磨き、石鹸に、グリセリンから合成されるジグリセリンも保湿剤、増粘剤として乳液、クリーム、シャンプーなど幅広い化粧品に使用される。豚皮由来のコラーゲンは、最近注目の化粧品材料である。コラーゲンは、粘性の保持のためシャンプー、リンス、口紅に、保湿のために乳液、化粧水、パック、ボディソープなどに使用されるほか、飲む化粧品としても利用されている。加水分解したコラーゲンペプチドの形でも同様の用途に利用される。また、豚毛から得られる L- システインは毛髪のパーマネント・ウエーブにも利用される。豚由来成分が化粧品類に使用される例を図表 3-1 にまとめてある（並河、2010）。

エタノールは、製品中の溶剤、香料などの原料物質の抽出溶媒、生産プロセ

図表 3-1　豚由来の化粧品の用途

部位	化学品	医薬品・化粧品・工業品
脂肪	ラード	石鹸、口紅
	グリセリン	クリーム、ローション、石鹸
	ジグリセリン	化粧水、乳液、クリーム、シャンプー、リンス、トリートメント、洗顔料、ボディソープ
皮	コラーゲン	乳液、パック、クリーム、口紅の粘性保持、美顔化粧品、経口化粧品、ボディソープ、シャンプー、リンス
脳	コレステリン	エモリエント剤（皮膚水分保持剤）
毛	毛	ブラシ、歯ブラシ
	L- システイン	毛髪パーマ用品

出典：拙稿を修正して引用（並河、2010）。

スの洗浄・消毒に使用される。飲料用アルコールでなければ、エタノールをこれらの用途に使用しても問題とはされない。ただし、飲料用アルコールの定義があいまいであるために、リスクを避けるため、香料を植物から抽出するためには、エタノール以外の有機溶剤（ヘキサン、アセトン、石油エーテル（ヘキサン、ペンタン等の混合物））を利用するのが無難である。小川香料は、1995年にインドネシアに現地法人（PT. Ogawa Indonesia）を設立し、アルコールを使用しないで、（飲料用の）香料を抽出する技術開発を進めてきた（和田、2001）。

2. 医薬品のハラル制度

(1)　制度の構成

国ベースで統一された医薬品のハラル制度は、2010 年にブルネイで、世界で初めて制定され、2012 年にマレーシアで制定された。さらに、2014 年 9 月には、インドネシア議会で、医薬品のハラル認証を求める法律が制定された。マレーシアの医薬品のハラル制度の中心は、マレーシア規格 Halal Pharmaceuticals - General Guidelines（MS 2424-2012）及び同 Amendment 1（MS 2424-2012, AMD.1-2014）である。後者は、前者の修正箇所だけを記載しており、両者は一体のものである。

同規格は、化粧品類のハラル規格とは異なり、食品のハラル規格と一体となっているのではなく、独立した規格となっている。食品のハラル規格（MS 1500）に記載されていた項目、マレーシアハラル手順書（Pensijilan Halal Malaysia）に記載されていた項目もカバーしている。本規格だけを通観すれば、規格を理解できるようにという意図で規定されている。しかし、MS 1500 で詳細に記載されている動物の屠畜に関する項目などは記載されていない。体系的に理解するためには、MS 1500 を参照して、読む必要がある。また、医薬品規制に関する下記の一般法令と一体的に解すべきと、明記されている。

①医薬品適正製造基準ガイド（Pharmaceutical Inspection Cooperation Scheme: Guide to Good Manufacturing Practice for Medicinal Products）（PIC/S GMP）。

②同付属書（Pharmaceutical Inspection Cooperation Scheme: Guide to Good Manufacturing Practice for Medicinal Products Annexes）（PIC/S Annexes）。

⑵　制度の内容⑴―原則

医薬品のハラル規格において、医薬品とは、消費者・患者が服用する形態の医薬品で、保健省医薬品規制庁（Drug Control Authority）に登録された医薬品である。原体や中間体は含まないことになる。医薬品は、処方箋が必要な医家向け医薬品と一般市販薬（OTC: Over The Counter）の両方を含む。生物製剤、放射性医薬品、伝統的医薬品、検査医薬も含みうるとの注記がある。

ハラルの医薬品であるためには、原料から服用に至るすべてのプロセスでハラルである必要がある。その他、次の原則（定義）が規定されている。①不浄（Najis）のもの、人体の一部、ハラルでない動物・適正に屠畜されていない動物由来の物を含まないこと、②製造・加工等の工程で、不浄（Najis）なもので汚染された機器を使用していないこと、ハラルでないものから隔離されていることとされている。これらの点は、食品の規格（MS 1500）と変わることはない。③ハラルの医薬品は、食品と同様に、無害で安全でなければならない。

ただし、医薬品の場合は「処方された服用量」を摂取した時に、無害で安全であることとされている。食品とは異なり、医薬品は適量を超えて服用すると有害であるからである。なお、遺伝子組み換え生物由来の物についての記載がない。シャリア法、ハラル、不浄（Najis）などに関する用語の説明も規定されているが、食品の規格（MS 1500）と同じである。

⑶　制度の内容⑵―管理

食品の規格（MS 1500）に比べると、管理関係の規定が詳しくなっている。しかし、その多くは、食品の規格（MS 1500）においても、簡単に言及されていた事項である。食品と医薬品の間で、大きな相違点があるわけではない。

第１に、工場における製造管理である。工場施設の管理では、ハラル保証制度（HAS：Halal Assurance System）を、適正製造基準（GMP：Good Manufacturing Practice）、品質管理（Quarity Control）に基づいて、文書として作成し、実行することとされている。GMP の一般的な要件が示されているが、その中に、いくつかの具体的な実務要件が含まれている。原材料のシャリア法適合性についてのエビデンス（証拠書類）を明確にすること、製造段階での手続きや指示、製品の量や品質を記録すること、製造バッチごとの履歴を残してトレースや回収に備えること、製品への苦情を調査し原因を究明することである。HAS の文書化についても規定されている。最小限、文章化すべきは、原材料に関するエビデンス、製品データ、製造工程、処理マニュアルなどされている。

第２に、工場における組織管理である。ハラル保証制度（HAS）を実行するために、教育を受けたイスラム教徒をリーダーとする管理委員会を設けること、委員会は最低３分の２のイスラム教徒を定足数とすることが規定されている。従業員に同委員会の認めたハラル研修を受けさせるべきとされている。従業員自身もハラルの原則に注意を払うべきこと、衛生的であることが、求められる。その内容は、第２章第１節５で紹介したインドネシアの管理に関する制度と実質的には同じものである。インドネシアの制度のほうが詳細に記載されている。

第３に、工場施設の管理である。工場施設は、非ハラルのものが混入するおそれのない環境にすること、とくに養豚場からは距離をとることとされている。施設・製造機器類は、非ハラルのものから作られていないこと、ハラル医薬品専用とすることとされている。非ハラルのものを扱った製造ラインをハラル用に転用する場合には、当局（宗教機関）の監督の下で、一般の洗浄に加えて、儀礼的洗浄を行うこととされている。転用は一回限りであり、繰り返すことはできない。これらは、食品の規格（MS1500）と全く同じである。

製造・保管施設はハラル医薬品専用であること、動物飼育室は、別の入口を設けて、隔離された場所に設置することについても規定されている。医薬品工場には、実験動物が飼育されていることを念頭においており、食品の規格とは異なる規定である。なお、祈祷室を設置することも規定されている。

⑷　制度の内容⑶―原材料、包装、その他

第１に、原材料である。その内容は、食品の規格（MS 1500）とほとんど同じであるが、医薬品の特性に鑑み、合成物質、合成アルコールの使用も許される。

そのほか、植物、動物、鉱物、微生物、天然化学物質が規定されているが、基本的には食品の規格と同じである。ただし、微生物のサイズとして 10^{-6}m から 10^{-9}m が記載されている（注―規格に記載された 10^{-6} μから 10^{-9} μは、何かの間違いと思われる）。例として、細菌、カビのほか、医薬品の特性に鑑み、食品の規格では記載されていなかったリケッチャ、ウイルス、プロトゾア（原生動物）が記載されている。

第２に、包装については、包装素材がハラルであること、デザイン・ロゴ・名称を・図画などがシャリア法の原則に反しないこととされている。食品の規格（MS 1500）よりも簡単な書き方になっているが、実質的には同じである。

第３に、委託生産、委託分析に際しては、書面による契約を締結し、委託内容を明確にすることとされている。医薬品の製造においては、外部委託が多

写真 3-6　胃腸薬

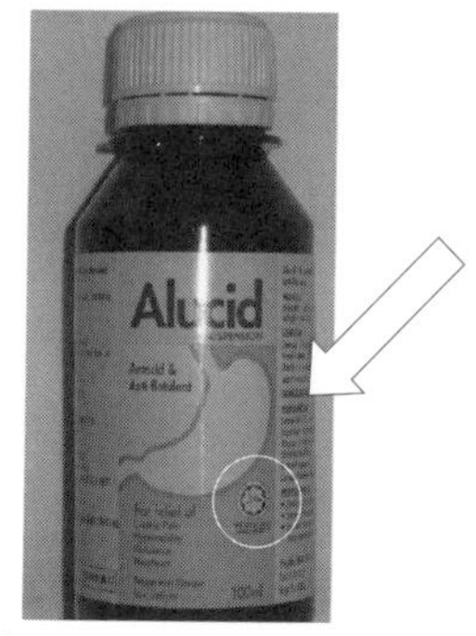

注：UPHA Pharmaceuticals Mfg.（マレーシア）製。
2017 年 4 月、筆者撮影。

写真 3-7　かぜ薬

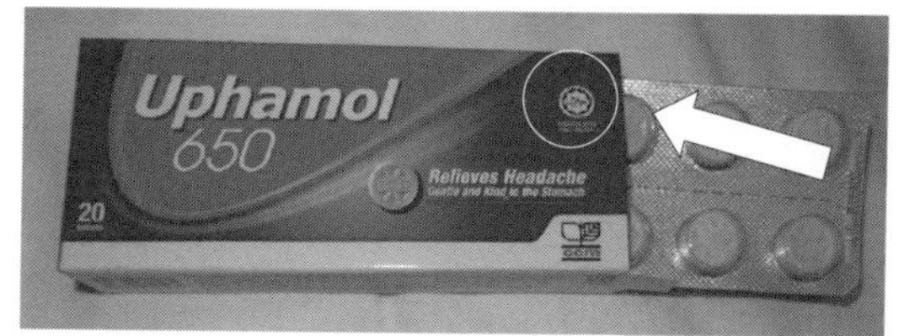

注：UPHA Pharmaceuticals Mfg.（マレーシア）製。
2017 年 4 月、筆者撮影。

写真 3-8　伝統的かぜ薬

注：Poon Goor Soe Manufacture 社（マレーシア）製。
2016 年 8 月、筆者撮影。

写真 3-9　ビタミン剤

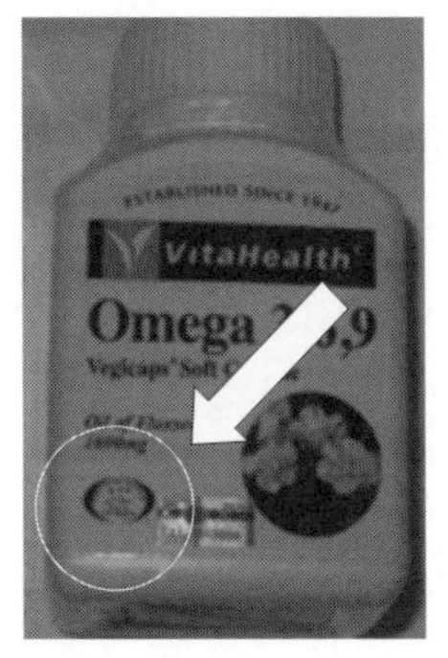

注：Catalent Australia 社（オーストラリア）製。
　　オーストラリアのハラル認証マーク。
　　2016 年８月、筆者撮影。

写真 3-10　粉ミルク

注：Dairy Goat Co-operative 社（ニュージーランド）製。
　　ニュージーランドのハラル認証マーク。
　　2017 年３月、筆者撮影。

いことに鑑み、委託のプロセスの中で、ハラルに対する責任の所在があいまいにならないようにする規定である。

　食品の規格（MS 1500）と異なり、輸送、保管、小売りについては言及されていないが、これらについては、詳細な規格が別途制定されたからである

（MS2401-2010）（第３章第３節３参照）。

⑸　ハラル医薬品へのハードル

医薬品についても、そのハラルを確保するうえで、問題となりやすいのは、豚や適正に処理されなかった動物由来の成分とアルコールである。

医薬品にも豚由来のさまざまな化学品が利用される。医薬用ハードカプセル、ソフトカプセルにはゼラチンが多用される。ラード（豚脂）を加水分解して得られるグリセリンは、パップ剤、浣腸、坐薬、軟膏などに、豚皮から生産されるコラーゲンは、コンタクトレンズ、人工皮膚、人口血管など医療用の素材に、血液から得られるヘム鉄は、鉄分補給のサプリメントに利用される。さらに、豚の内臓からはパンクレアチン（消化薬）、インシュリン（糖尿病薬）、ヘパリン（抗血液凝固薬）、コンドロイチン硫酸（点眼薬、神経痛薬）、豚の毛からはL- システイン（去痰薬、肝機能改善剤、メラニン沈着抑制剤）などさまざまな医薬品が生産されている。もちろん、これらはハラルではない。豚由来成分が医薬品に使用される例を図表 3-2 にまとめてある。

豚由来でなくても、所定外の方法で処理された牛は非ハラルとなるので、そのような牛由来の医薬品も同様である。

東南アジアで流通しているハラル認証を得た医薬品類の写真（写真 3-6 ～ 3-10）を示す。

3. 包装のハラル制度

⑴　制度の構成

マレーシアでは、包装（Packaging）のハラル制度が設けられている。ハラル規格は、2014 年に制定されたハラル包装の一般ガイドライン（MS2565: Halal Packaging - General Guideline）である。

この規格は、食品等の「包装プロセス」を対象としているのではなく、ハラル包装そのものの「製造」を対象としている。物を完全に包む包装だけでなく、物の一部を包む包装も対象となる。また、包装には、多種多様な包装が含まれ

図表 3-2　豚の派生品とその医薬品への応用の例

部位	主な派生品	使用されている食品の例
脂肪	グリセリン	パップ剤、浣腸、坐薬、軟膏
皮	ゼラチン	医薬用ハードカプセル・ソフトカプセル、マイクロカプセル、手術用止血スポンジ、嚥下障害向け水分補給剤、湿布薬、サプリメント、ハップ剤
		錠剤、丸剤、トローチ剤、乳剤、座薬、代用血漿
	コラーゲン	コンタクトレンズ素材、人工皮膚、人工血管、サプリメント
膵臓	トリプシン	検査試薬
	パンクレアチン	消化薬
	インシュリン	糖尿病用医薬
気管軟骨	コンドロイチン硫酸	点眼薬、関節痛・神経痛薬
小腸	ヘパリン	抗血液凝固薬
脳	コレステリン	エモリエント剤（皮膚水分保持剤）、
血液	ヘム鉄	血液
毛	Ｌ－システイン	去痰薬、肝機能改善剤・色素（メラニン）沈着抑制剤

出典：拙稿を修正して引用（並河、2010）。

る。箱に入れる、覆う（カバーする）、包む、容器に入れる、固定するなどもこれに含まれる。また、バスケット、バケツ、トレー、各種容器など形態を問わず対象になる。

包装する物、包装の材質については限定をしていないが、規格の内容は食品用のプラスチック包装を強く意識している。したがって、この規格を体系的に把握するためには、食品のハラル規格（MS1500）、食品衛生、プラスチック規制に関する下記の法令や規格と一体的に読むべきである。本規格そのものに、その旨が明記されている。

プラスチック関係では、下記の規格である。

①プラスチック製品のコードシステム（MS1405: Coding System for Plastics Products）。

図表 3-3　マレーシアのハラル規格の中の包装に関する項目

対象	規格名	包装に関する項目
食品一般	MS1500: Halal Food – Production, Preparation, Handling and Storage – GG	3.7 Packaging labelling and advertising
化粧品 ﾊﾟｰｿﾅﾙｹｱ	MS2200-Part 1: Islamic Consumer Goods - Cosmetic and Personal Care - GG	4.6 Packaging and labelling
獣骨皮毛	MS2200-Part 2: Islamic Consumer Goods - Use of Animal Bone, Skin and Hair - GG	4.8 Packaging and labelling
小売経営	MS2401-Part 3: Halalan - Toyyiban Assurance Pipeline - Management System Requirements for Retailing	6.7.6 Set up, assembly and packaging
医薬品	MS2424: Halal Pharmaceuticals - GG	3.9.2 Packaging material 4.16 Packaging materials
化学品	MS2594: HalalChemicals for Use in Potable Water Treatment -GG	6 Packaging and labelling
包装	MS2565: Halal Packaging - GG	5 Packaging labelling and advertising

注：「包装に関する項目」とは、包装の規定を表題をつけて項目立てしているという意味。
GG とは Geneal Guideline のこと。

②食品に接触させるプラスチック材料・物品（MS2234: Plastics Materials and Articles Intended to Come into Contact with Food）。

③食品に接触するプラスチック製品の表示（MS2453: Symbol for Plastic Products in Contact with Food）。

食品・医薬品関係では、下記の法令・規格である（GG=Generarl Guide-line）。

④ハラル食品の製造、調整、取扱い及び保管の一般ガイドライン（MS1500: Halal Food – Production, Preparation, Handling and Storage - GG）。

⑤ハラル医薬品の一般ガイドライン（MS2424: Halal Pharmaceuticals -GG）。

⑥ 1983 年食品法（Food Act 1983）。

⑦ 1985 年食品規制（Food Regulations 1985）。
⑧ 2009 年食品衛生規則（Food Hygiene Regulations 2009）。
⑨ハラル保証マネジメントのガイドライン（Guideline for Halal Assurance Management System）。

さらに、包装については、図表 3-3 に示すように、食品、医薬品等の各規格のそれぞれに記載がある。その記載は、食品、医薬品等の各品目の包装の方法だけでなく、包装の材質、製造、運送にも及んでいる。とくに、食品の規格（MS1500）は、包装についての一般則的な性格も有している。その意味では、包装についてのハラルの規定は、錯綜していると言わざるを得ない。

⑵　制度の内容⑴―原則

ハラル包装の原則は、原料から提供に至るすべてのプロセス、つまり製造段階だけではなく、保管・輸送・陳列・販売のすべての過程で、非ハラルの物と隔離される必要がある。

その他、次の原則（定義）が規定されている。①不浄（Najis）のもの、人体の一部、ハラルでない動物・適正に屠畜されていない動物由来の物を含まないこと、②製造・加工等の工程で、不浄（Najis）なもので汚染された機器を使用していないこと、ハラルでないものから隔離されていることと、③中毒性、毒性、健康への有害性のないこと、とされている。これらの点は、食品の規格（MS 1500）と変わることはない。包装に特有の原則として、④包装が食品に直接触れる場合には、リサイクル原料から作られてはならないという規定がある。

⑶　制度の内容⑵―管理

食品の規格（MS 1500）に比べると、管理関係の規定が詳しくなっている。しかし、その多くは、食品の規格（MS 1500）においても、簡単に言及されていた事項である。

第１は、工場における組織管理である。ハラル保証制度（HAS）を実施するために、イスラム教徒の幹部職員を指名するか、教育を受けたイスラム教徒をリーダーとする管理委員会を設ける必要があるとされている。委員会の構成員の１人は購買担当、１人は製造担当とし、委員会は最低３分の２のイスラム教徒を定足数とする。これらの職員の研修を行うこと、HAS実施のために十分な経営資源を投入することも規定されている。原材料、製造データの文書化についても規定されている。

第２に、工場施設の管理である。製造ラインはハラル包装専用とすること、非ハラルのラインを転用する場合は儀礼的洗浄を行うこと、転用は１回限りであり、洗浄を繰り返して、製造ラインをハラルと非ハラルの包装用に供用とすることはできないとされている。機器、道具、冶具なども同様に、ハラル包装専用である。施設のレイアウト、製造プロセス等は、非ハラルのものの混入等を防ぐように設置、設計することとされている。とくに、養豚場、豚由来品加工施設から隔離することも規定されている。

第３に、製造管理については、一般的な管理規定が羅列されている。衛生・安全関係では、原材料の区分、廃棄物管理、有害化学物質管理を行うこととされている。また、化学工場の特性に鑑み、機械、粉塵、ガス、煙等からプラスチック片、ガラス片、金属片が混入しないこととの規定もある。製造過程の文書化については、製造バッチごとの履歴を残してトレースや回収に備えることなど、医薬品とほぼ同じ規定がある。

包装の包装（２次包装、３次包装等も含む）についても、ハラル包装の原則を満たすことが求められる。そのデザイン、サイン、シンボル、ロゴ、名称、画像は、食品の規格（MS1500）と同様に、シャリア法に反しないここと、誤解を与えないことなども規定されている。

4. 化学品のハラル制度

(1) 制度の構成

一般の化学品についてのハラル規格は存在しない。ただし、マレーシアでは、飲料水処理の化学品についての規格が制定されている。規格は、2015年に制定された、飲料水処理用ハラル化学品の一般ガイドライン（MS2594: Halal Chemicals for Use in Potable Water Treatment - General Guideline）である。規定の中に、個別の化学品名は記載されておらず、内容には、工場管理に関する記述が多く、一般的な記述にとどまっている。下記規格を参照すべきと記載されている。飲料水の品質要件は、この規格ではなく、別の法令により規定されている。

①イスラムとハラルの原則ー用語の定義と説明（MS2393: Islamic and Halal Principles - Definition and Interpretations on Terminology）。

②ハラル保証マネジメントのガイドライン（Guideline for Halal Assurance Management System）。

⑵　制度の内容

制度の内容は、食品、化粧品や包装などの化学物質系の規格とほぼ同じであるので、簡単に触れるに止める。

経営管理では、イスラム教徒の幹部職員の指名、ハラル委員会の設置、HAS実施のために十分な経営資源の投入、職員のハラル教育・訓練、書面によるHASの実施などが規定されている。

施設管理では、ハラル化学品の専用ラインとすること、転用の場合の儀礼的洗浄、プロセスにおける混入・汚染を防ぐこと、害虫の侵入を防ぐこと、養豚・豚由来品の加工施設から隔離すること、ペットや動物の侵入を防ぐことが規定されている。

製造管理では、清潔さと安全の確保が規定されている。

原料、中間投入物として、法令により認められた無機物（ミネラル）、有機物、合成化学品を使うことができる。中間投入物の例として、凝固剤、凝集剤、各種媒体（例—調粒砂、活性炭、ナノ・カーボン、無煙炭）、消毒剤、改良剤、酸化剤などがあげられている。その他は、化粧品の規定とほぼ同じである。原料となる陸上動物は、ハラルの動物、適正に屠畜された動物であること、卵はハラルの動物のものであることとされている。同じく水生生物はハラルであること、植物・微生物は、陸上・水中・空中のものを問わず、ハラルで有害でないこととされている。土・水も同様である。また、合成アルコールを含有する化学品、合成化学品を使用してもよいとされている。

包装についても短い記述がある。ハラルの化学品に直接触れる包装は、無害で、ハラルであることとされている。包装には明瞭にラベルを貼付すること、包装材料に不浄（Najis）な原料を使わないこと、不浄なもので汚染された機械で包装しないこと、製造・輸送・保管の全ての工程でハラルでない物と隔離することとの規定もある。

ハラルの化学品のトレーサビリティも求められる。

第３節　サービス産業のハラル制度

1. レストランのハラル制度

レストラン等の調理施設については、非ハラルセクションとの区分、食材、器具、食器がハラルであること、要員にイスラム教徒が含まれていることなどが重要なポイントである。シンガポールの認証機関であるシンガポール・イスラム教会議（MUIS）が定めたHalal Certification Conditions（Eating Establishment Scheme）および同（Food Preparation Area Scheme）が、わかりやすく規定している。前者の規定は、レストラン、学校の食堂、社員食堂、スナックバー、ケーキ屋・パン屋、フードコート、屋台村、仮設フード店など、食事を直接に消費者に提供する事業が対象である。後者は、出前（仕出し）会社、自社レストラン向け調理工場、病院・ホテル・空港向け調理工場などを対象とする。両者の内容の基本部分は、共通である。主な規定は以下のとおりである。

第１に、食材、助剤、添加物は、すべてハラルであることとされている。ハラルであることは、認証証、成分明細、実験室での分析などによって、証明する必要がある。

第２に、豚由来品などに使用した制作ライン、調理場所、冷蔵蔵・冷凍機、台所用品、食器・陶器などは、MUIS の指定する儀礼的洗浄を行うこととされている。

第３に、ハラル用として区別された制作ライン、調理場所、保管庫、台所用品、食器・陶器、食器洗浄機が必要である。ハラルの製品、料理、食材、助剤、添加物は、輸送中においても物理的に隔離することとされている。

第４に、管理に関することである。ハラル・チームを作ることとされている。チームのリーダーとイスラム教徒代表者に、MUIS の指定する研修を受けさせて、修了させること、チームや代表者にハラルを確保するために指定の諸作業を担わせることが規定されている。また、常勤のイスラム教徒を２人以上雇用することとなっている。

その他に、ハラル認証を受けた施設は、MUIS の事前の書面による・許可がなければ、他人に運営させてはならないとされている。また、犬は不浄な動物であるので、介助犬を連れた客への対応も規定されている。

なお、複数の店舗・施設がある場合には、同時に認証を受けることができる。しかし、１つの店舗・施設が規定に従っていない時には、そのことがほかの店舗・施設の認証に影響を及ぼす。

レストランの入り口やメニューに認証マークが掲示されている事例を写真 3-11 と写真 3-12 に示す。空港やショッピングセンターなどのレストラン街で、どのレストランがハラル認証を受けているかを表示している館内案内図を写真 3-13 に示す。

2. 観光サービスのハラル制度

⑴　観光サービスとは

マレーシアは観光サービスのハラル制度を有している。ただし規格の名称は MS2610-2015 Muslim Friendly Hospitality Services - Requirements（ムスリム・フレンドリー＝イスラム教徒に適した観光サービスの要件）となっており、ハラルという用語を用いていない。食品や食品に関連する物やサービスとは異なり、クルアーン（コーラン）およびハディースが想定していない概念であるため、ハラルという用語を避けたのであろう。対象は、宿泊施設、旅行業、観光ガイドである。

観光サービス全体に適用される管理に関する規定がおかれている。適切な管理システムを構築すること、イスラム教徒の責任者を任命すること、スタッフの教育訓練をすることなどが規定されている。

⑵ 宿泊施設

宿泊施設とは、ホテル、簡易宿泊所、合宿所、寄宿舎のほかホームステイ先も含まれる。施設の一部を宿泊用に提供しているケースも含む。飲食サービスがついているか否かは関係ない。

客室については、イスラム教に特異なこととして、礼拝前に身を清める設備があること、礼拝の方向（Kiblat direction）を明示すること、礼拝のスペースを確保すること、アルコール飲料等を冷蔵庫に置かないことが必要である。また、サッジーダ（Sajjada：礼拝用の絨毯）、女性の礼拝用の衣服、礼拝時刻の情報、翻訳されたコーランを提供することが推奨される。

食事については、食事場所はハラル認証を受けていることが必要である。したがって、当然、施設内にアルコールを提供するバーなどはあってはならない。また、断食月の食事（Sahur、Iftar）とその時刻に関する情報を提供することとされている。

公共の礼拝場所（Public musalla）を設けることも必要である。そこでは、客室と同様の対応するほか、男女別のウドゥ（Wudhu：礼拝前に身を清めるための小浄施設）を設けることとされている。

なお、ハラルであることをセールスポイントにしているホテルでは、ハラル規格に記載はない項目もPRしている。宿泊施設のハラルという概念を理解するうえで有益であるので、マレーシアのいくつかのホテルが挙げている項目を整理しておく。第1に礼拝関係では、ホテル近隣のモスクの情報の提供、

写真 3-11　ファーストフードのレストラン

注：2013 年２月、筆者撮影。クアラルンプール。

写真 3-12　レストランのメニュー

注：右下にハラル認証マーク。
　　2008 年３月、筆者撮影。クアラルンプール。

写真 3-13　シンガポール空港のレストラン案内

注：ハラルのレストランには認証マーク。
　　2016 年 8 月、筆者撮影。

男女別の礼拝室の設置、断食関係施設の設置等である。第 2 に食事関係では、徒歩圏・近隣のハラルレストラン情報の提供、館内にハラル認証レストランの設置、ハラル食のルームサービスの提供である。第 3 に館内施設・設備関係では、ディスコ、ギャンブル施設、アダルトチャンネルのあるテレビがないことである。第 4 に男女の区別関係では、男女別の使用時間のあるジム・プール、女性専用のスパの設置、女性の客室係の配置である。

⑶　旅行業、観光ガイド

まず、旅行業についてである。上記の条件を満たすムスリム・フレンドリーの宿泊施設を手配すること、希望があれば女性専用の輸送手段を提供することとされている。

旅行メニューに、次の施設への訪問を組込んでではならない。非ハラルの物の生産者など、たとえばアルコール飲料や豚肉の販売所、ギャンブル施設やゲーム場、ポルノ、非イスラム教徒の礼拝所などが挙げられている。仏教寺院やキリスト教会などもツアーメニューには入れることはできないことになる。

食事場所は、ハラル認証を得たレストラン等でなければならない。ツアーに食事が含まれない場合には、近隣のハラル認証を受けたレストランのリストを提供しなければならない。

日程の中に、礼拝の時間を設けること、断食月の食事（Sahur、Iftar）時間を設けることとされている。礼拝所や身を清める場所を組み込むことも規定されている。

次に観光ガイドである。観光ガイドは、イスラム教徒としての価値観を有しており、その服装は、慎み深いものであること、女性の場合はスカーフの着用が強く推奨される。礼拝時刻を知らせること、礼拝のために十分な時間をとることが必要である。すべてのレストラン及び食事場所はハラル認証を得ていることとされており、ハラルの食事を提供しない場合には、ハラル認証を得たレストランのリストを提供することとされている。

3. 輸送のハラル制度

⑴　制度の構成

食品等がハラルであるためには、製造段階だけでなく、輸送・保管などのロジスティック段階でもハラルが確保される必要がある。シンガポールでは、倉庫のハラル制度が、Halal Certification Terms & Conditions の保管施設：Storage Facility Scheme（SF）に規定されている。マレーシアでも、2010 年に、マレーシア規格（MS2401）のハラル・トイバンを確保する輸送の管理システム（Halalan-Toyyiban Assurance Pipeline- Management System）として、運送と貨物の取次業＝輸送業（Part 1）、倉庫業（Part 2）、小売業（Part 3）の３分野についてハラル制度が創設された（第１章第２節２の図表 1-1）。

この３つの規格は独立しており、それぞれを読めばわかることを意図して作られている。しかし、その立案思想・構成は全く同じで、各項目を３つの分野の特性に合わせて書き換えているだけである。ただし、内容を体系的に理解するには、これらの規格にも記載されているとおり、食品のハラル規格（MS1500）や管理システムに関する規格（MS2300、MS1900）を参照し、これらで補強して理解する必要がある。食材を含むハラルの原則的な要件、輸送車両をハラル専用とすること、輸送中に非ハラルのものから隔離することなどについては、食品のハラル規格（MS1500）に記載されている。

３つの規格とも、食品、化粧品、医薬品の規格に比べると、著しいアンバランスさを感じるほどに、記述が詳細で、かなり大部の規格となっている。食品の規格がコンパクトであるのは、トイバンに関する事項は、一般法規である食品衛生法、食品表示法等で規制されており、その内容は規格に書く必要がないからである。つまり、食品のハラル規格には、狭義のハラルに関する規定だけが記載されている。

⑵　輸送のハラル制度の内容

ここでは、輸送業のハラル制度について説明する。

輸送業の規格（Part1）の対象は、顧客からの受注・荷受け、配車、積載・荷卸し、荷造り、輸送、配達、車両の回送など輸送作業全般である。また、車両、事業所の施設・機器、車両基地などのハード面もカバーする。そして、これら全体の管理・経営にも及ぶ。なお、概念上は、輸送は陸送だけでなく、海運、空輸も対象としている。

なお、ハラル・トイバン（Halalan-Toyyiban）という表現が使われている。これは、狭義のハラルとトイバンの総合された概念であり、食品の規格で使われている（広義の）ハラルと実質的には同じである。

輸送のハラル制度は、経営、リスク管理計画の設定、同計画の実施、施設・装置・人員等の４つに大別される。

第１は、経営である。経営者は、ハラル・トイバンを確保するという方針を示し、自らの義務を表明し、導入すべき管理システムを明示することとされている。そして、ハラル・トイバンの事業所を運営するために、委員会を設置し、リーダー、アドバイザーを指名することとしており、その権限と義務を規定している。また、ハラル・トイバンを確保するための手順、リスク管理計画（Halalan-Toyyiban Risk Management Plan)、管理する箇所（Halalan-Toyyiban Control Points）を定め、情報の共有化を進めることとされている。

第２に、リスク管理計画の内容である。計画の策定に際して注意すべき事項が規定されている。ソフト面では、輸送業務の工程や作業手順を図式化して、非ハラルのものの混入・汚染の潜在的な可能性を明示することである。ハード面では、事業所内のすべての施設・設備（職員用の施設も含む）のレイアウトを図面化し、混入・汚染の生じる箇所を示すことである。また、荷物の管理者が替わる時に、混入・汚染を防ぐ措置を講じることである。

第３は、リスク管理計画の実施である。計画を確実に実施するために、採るべき措置が規定されている。作業記録を作成・保存、確実な情報伝達、荷物のトレーサビリティ・システムの確立・実施、測定機器の管理等の手順の作成・実施である。

混入・汚染された荷物は隔離し、管理責任者の指示を仰ぐこと、混入・汚染対応のすべての処置を記録し、原因や結果を含めて　関係者に周知することとされている。また管理されなかった荷物は、（非ハラルのものが）混在しているものと見なし、混入・汚染された荷物と同様に扱うこととされている。原因の除去、再発防止策などの改善策を講じるための手順も定める必要がある。

混入・汚染された荷物の隔離等およびその公告の責任者を指名することも規定されている。また、事故の場合を含めて、汚染発生の緊急事態への対処手順を作成・実行することも必要である。

第４に、施設・装置・人員等に関することである。施設・装置面では、施設全体の適正なレイアウト、コンテナの適正な構造や素材、機器のメインテナンス、職員の衛生維持に必要な施設の設置、排水・廃棄物処理システムの設置、汚染物の混入防止策の確立のような総論的な規定が並んでいる。人員関係では、職員の教育訓練の実施、職員の衛生・健康・清潔の確保、清潔・衛生の維持のための手順の策定など、やはり総論的なことが規定されている。なお、重度の不浄のものの混入の場合には、儀礼的洗浄を行うことが記載されている。

⑶ 輸送のハラル制度の性格

規格の名称（ハラル・トイバンを確保する輸送の管理システム）が示すように、内容の大半は管理に関することであり、幅広い業務に及んでいるが、総論的な規定、自明の規定、ハラルに直接には結びつかないような規定が多く、ハードの施設・設備に関する記述は相対的に少ない。これは、輸送のハラルは、事業者が日常の業務全般を適正に実施することにより確保されるからである。

また、汚染されることを前提とする規定も見られる。たとえば、輸送中にハラムの物が混入し、汚染された時に、儀礼的洗浄を行うべきとの規定（6.1.2, 6.3.1, および 6.6.1）が置かれている。輸送の場合は、恒常的に不特定多数の荷主から受注するので、事業者が意図しないで、非ハラルのものを積載する可能性が高いからである。ただし、この規定は、非ハラルのものを恒常的に輸送してもよいことを意味するのではない。輸送車両は、食品の規格に記載されているように、ハラル専用とすることが原則である。

実施すべきことや遵守すべきことを具体的に規定するのではなく、注意・配慮する事項だけを記載し、その内容については事実上事業者の裁量に委ねている。また、事業所内の作業マニュアル作成の指針のような規定も多い。その意味では、本規格は、他のハラル規格のような規制的な性格ではなく、事業者自らが管理すべきとする「準則」的な性格を帯びている。

4. ハラル工業団地

⑴ ハラル・パークとは

マレーシアには、ハラル産業専用工業団地（ハラル・パーク：Halal Park）がある。ハラル・パークでは、立地する企業は（他所においても）ハラムの物を製造しておらず、団地内で製造される物はすべてハラルであり、当然、各工場の製造ラインはハラル認証を受けている。一般の工業団地の場合には、団地

図表3-4　マレーシアのHALMASハラル工業団地一覧

工業団地名（運営主体）	所在地	面積ha
Selangor HH (Central Spectrum)	スランゴール州	400
PKFZ National HP (Port Klang Free Zone)	スランゴール州	40
Melaka HP, Serkam (Melaka HH)	ムラカ（マラッカ）州	66
techpark@enstek, Nilai (THP Enstek Development)	ネゲリスンビラン州	192
POIC HP (Palm Oil Industrial Cluster)	サバ州	109
Tanjung Manis Halal Food Park (Tanjung Manis Food & Industrial Park)	サラワク州	77th ?
Penang International HP (Penag International HH)	ペナン州	40
ECER Pasir Mas HP (East Coast Economic Region Development Council)	クランタン州	43
ECER Gambang HP (East Coast Economic Region Development Council)	パハン州	80
Pedas HP (Malaysia Industrial Development Finance)	ネゲリスンビラン州	40
POICTanjung Langst (TPM Technopark)	ジョホール州	112
PERDA HP (Penang Region Development Authority)	ペナン州	40
Kota Kinabalu Industrial Park (KKIP)	サバ州	8,320
Iskandar HP (United Malaysia Land)	ジョホール州	142

注：面積は工業用地面積である。エーカー（Acre）を換算 1acre = 4046㎡ = 0.4ha。
　2017年12月31日現在の情報。？はデータの正確性に疑問あり。
　HPはHalal Parkの略、HHはHalal Hubの略、thはThousandの略。
　株式会社の表記（Sdn Bhd）は省略。
出典：HDCのHPほか関連資料から筆者作成。

内の他の敷地において、どのような企業のどのような工場が立地しているかわからないが、ハラル・パーク内ではその心配がない。

ハイテク産業や研究型産業だけを集めた工業団地というコンセプトは、テクノパーク、リサーチパークと呼ばれ、シリコンバレーや日本のつくばを初めとして世界中で多数見られるが、ハラル・パークは、そのハラル産業版である。工業団地（用地）だけでなく、工場建屋も建設したハラル・パークもある。写真3-14にマレーシアのハラル・パーク（工場建屋ゾーン）を示す。

ハラル・パークの要件はMalaysia Standard（MS）に基づくハラル規格で

写真 3-14　工場建屋の並ぶハラル・パーク

注：マレーシア・スランゴール州 PKFZ National Halal .Park.
　　2008 年 3 月、筆者撮影。

定められるのではない。ハラル・パークは、マレーシア政府が出資するハラル産業開発公社（HDC: Halal Industry Development Corporation）の認定するHALMAS ハラル・パークと HDC の認定を受けていない Non-HALMAS ハラル・パークに区分される。HALMAS は、図表 3-4 に示すように、11 か所に設置されている。ハラル・パークの運営主体は、政府系機関、地方政府、公的組織、企業など様々である。

⑵　政府にとってのハラル・パーク

マレーシア政府は、ハラル・パークを推進している。理由は 4 つある。第 1 は、もちろん、国教をイスラム教とする政府として、イスラム教の普及と実践をするためである。イスラム教徒比率（約 60％）が比較的低い中で、イスラム教を重視していることを示す施策としての位置付けもある。第 2 は、国内外のハラル産業の直接投資の受け皿である。マレーシア政府のハラル・ハブ

(Halal Hab) 政策（世界のハラルの中心になる政策）の最大の目的は、ハラル制度を活用して、食品等の外国企業の投資を誘致することである。ハラル・パークは、マレーシアに直接投資する企業の立地先になる。直接投資の説明は、第10章第2節4を参照。第3は、地域の振興である。ハラル・ハブ政策の恩恵を全土に波及させることが政治的に必要である。HALMASのハラル・パークは、マレーシア13州（3特別区を除く）のうちサバ州、サラワク州（ボルネオ島）を含む9州に設置されている。第4は、産業集積効果を活用した産業振興である。政府は、技術開発型産業の集積からハイテク分野の新技術、新産業が生まれてきたような「シナジー効果」を期待している。このため、政府、ハラル産業開発公社は、ハラル・パーク内におけるコミュニティの重要性を強調している。

政府はハラル・パークに対して手厚い助成措置を講じている。

第1に、立地企業に対しては、①法人所得税の減免、②原材料の輸入税等の免除、③ HACCP、GMP、CODEX等の認証取得費用の控除という優遇税制がある。①については、(a) 投資後10年間、「投資支出に対する」法人所得税の100％免除、(b) 投資後5年間、所得から輸出額（export sales）の控除、のいずれか自社に有利な控除を選択できる。工場生産開始後、すぐに輸出を始める企業にとっては、(b) が有利となる。③については輸入税と売上税の両方の減免である。

第2に、ハラル・パーク運営者に対しては、①法人所得税の減免（内容は立地企業と同じ）、②冷蔵室用の装置、機械、部品の輸入税等の免除である。

第3に、パラルパークの運送・倉庫業者に対しては、①法人所得税の減免、②冷蔵室用の装置、機械、部品の輸入税等の免除である。①については、(a) 投資5年間、「投資支出に対する」法人所得税の100％免除、(b) 投資後5年間、所得から輸出額（export sales）の控除、のいずれか有利な控除を選択できる。

⑶　企業にとってのハラル・パーク

立地企業にとっても、ハラル・パークはメリットがある。第1は、非ハラルの物との接触の回避である。近隣企業、輸送・倉庫業がすべてハラルであり、ハラル・パークにある原材料、製品のすべてがハラルであるからである。また、近隣には養豚施設や汚水処理場のない地点が選定されているので、立地環境の心配もない。第2は、ハラルに関する情報の集積である。立地企業間のコミュニティが形成されていることから、ハラル確保に関する様々な情報・ノウハウの入手が容易である。ハラルについてのコンサルティング・サービスもある。第3は、ハラル・パークに立地という、イスラム教徒の社会の中での信用である。さらに、計画的に造成されているので、一般の工業団地と同様の各種のメリットがある。立地点が経済的に便利な場所である。また、港湾、空港、都市等へのアクセスが良好な場所に立地していること、インフラストラクチャ（道路、電力、ガス、工業用水、通信基盤）、職員のためのインフラストラクチャ（共用食堂、教育機関、住宅、商業施設）が整備されていること、下請け等関係企業群があることなどの条件が満たされている。

5. イスラム金融

イスラム金融とは、シャリア法に基づいた金融の方法である。金融は、銀行、保険、証券業務を含むが、ここでは、銀行業務にしぼって説明する。

イスラム金融サービスだけを行う銀行をイスラム銀行という。イスラム諸国には、イスラム銀行だけがあるのではなく、普通銀行もある。むしろ普通銀行の方が多数である。イスラム銀行だけでなく普通銀行でもイスラム金融を行っている。イスラム諸国に本社のある金融機関だけでなく、国際的な金融機関もイスラム金融サービスを提供することができる。イスラム金融サービスの対象はイスラム教徒だけではなく、異教徒も含まれる。また、イスラム教徒は必ずイスラム金融を利用しているわけではない。

イスラム金融の特徴は、①イスラム教で禁止されている事業への関与の禁止、②金利の禁止である。その内容は次のとおりである。

第1に、禁止事業である。イスラム教では、ポルノ、賭博、飲酒、豚などを禁忌としている。これらを業とする企業に対するサービス提供は禁止される。

食品産業については、ワイン醸造企業、ビール会社は、投資や融資を受けることはできない。豚を肥育する畜産業や豚肉を扱う食品企業も、同様である。

第２に、金利である。日本や欧米では、金利という概念なしに、銀行業務を行うことはできない。しかし、イスラム金融では、金利とは異なる概念に基づく金融システムを構築している。具体的には、実物取引を絡める、配当の概念に置き換える、リースの形式をとるなどの方法で、金利という概念を回避している。典型的な例を下記に示す。これらは、イスラム教は「何も生産せずに、金が金を産む」点を忌んでいることを示唆している。なお、食品等の企業が設備投資資金を金利を支払って、一般銀行から調達することについては、特段の問題は生じない。

イスラム金融は、金利を禁止しているが、非イスラム社会にもある金融の方法（リース、投資信託など）システムを使っているため、これが一種の便法のように機能しており、実質的な問題は少ないように感じられる。しかし、食品等の分野のハラル制度では、便法として機能するものは存在しない。豚、屠畜方法、アルコールなどの規定を、実質的に回避する便法はない。

①自動車や住宅のローン―割賦販売の形式（Istithna または Murabaha）をとる。
銀行が住宅を購入し、購入額に金利相当分を加えた額を、住宅購入者に分割して支払わせる。

②銀行預金―投資信託の形式（Mudarabah）をとる。
預金者は銀行に資金を信託し、銀行はこの資金で企業等に投資をし、企業等からの配当を、金利相当分として、預金者に分配する。

③企業の設備投資資金の融資―ファイナンス・リースの形式（Ijara）をとる。
銀行は設備を購入・所有して、当該設備を企業にリースし、購入額に金利相当分を加えた額をリース料として受け取る。

イスラム金融については、多くの報告や書籍がある。その一部を紹介する。（国際金融情報センター、2007）（吉田、2007）（糟谷、2007）（国際貿易投資研究所、2009）（イスラム金融検討会、2008）（田原、2009）、（濱田ら、2010）。

第4章 ハラル制度をめぐるトラブル

第1節　加工食品のトラブル

1. インドネシア味の素事案

⑴　事実関係

味の素㈱のインドネシア現地法人のインドネシア味の素社で生産している調味料がハラル不適合とされて、同現地法人の日本人幹部が拘束されたケースである。

2000年9月に、インドネシア味の素社は、ハラル認証機関であるウラマー評議会（MUI）から、AJI-NO-MOTO（グルタミン酸ナトリウム）の製造工程で、豚由来の酵素が使用されているとの指摘を受けた。AJI-NO-MOTOは既にハラル認証を受けていたが、ハラルの認証更新時の調査において、指摘を受けたのである。同年12月にMUIから同社に、製品の回収指示がなされ、同社の幹部が、現地警察に身柄を拘束された。拘束理由は、使用原料を変更してからMUIの指摘を受けるまでの間、非ハラルの食品にハラル認証マークを貼付していたという、食品表示関連の法令の違反の疑いである。

日本政府、在インドネシア日本大使館からインドネシア政府への強い働きかけもあり、最終的には、当時のワヒド（Abdurrahman Wahid）大統領の政治判断で釈放された。

インドネシア味の素社は、事案後、製品を取扱う店舗等を丹念に回り、短期間に信頼を回復している。同社は、現在では、この事案を教訓に、完全なハラル対応システムを構築して、現地に根を張った事業を展開している。味の素は日本企業の中で、世界的なハラル対応が最も進んだ企業となっている。

⑵　構図

この事案は、図表 4-1 に示すように、グルタミン酸ナトリウム生産用の微生物の保存用培地に、豚由来の酵素を利用して生産された大豆たんぱく質分解物質が使用されていたという構図である。

インドネシア味の素社は、ハラルの植物原料を使用し、ハラルの微生物を使用して発酵をし、グルタミン酸ナトリウムを製造していた。その製品であるAJI-NO-MOTO には、非ハラル成分は含有されていなかった。そして、当該微生物を保存する培地には、他社から購入したたんぱく質分解物を栄養素として添加していた。当該他社は、たんぱく質分解物を、ハラルの大豆たんぱく質を原料として、酵素で分解して製造していた。ここまでの記述からは、AJI-NO-MOTO はハラルの要件の満たしているように見える。しかし、当該他社が使用していた酵素が豚由来品であった。

ただし、AJI-NO-MOTO がハラル認証を受けていたことが示すように、当該他社は、当初は、豚由来の酵素を使用していなかった。当該他社は、AJI-NO-MOTO のハラル認証後に、豚由来酵素に変更したが、そのことをインドネシア味の素社に通知していなかった。

⑶　背景

本事案については、純粋に技術的なものではなく、背景には政治的・社会的なものがあるとする報告がいくつかある。見市（2001）は、当時のワヒド大統領の非イスラムへの寛容さに対する、イスラム過激派の反発があったと指摘している。当時のインドネシア社会の腐敗が要因との見解もある。

図表 4-1　インドネシア味の素事案の構図

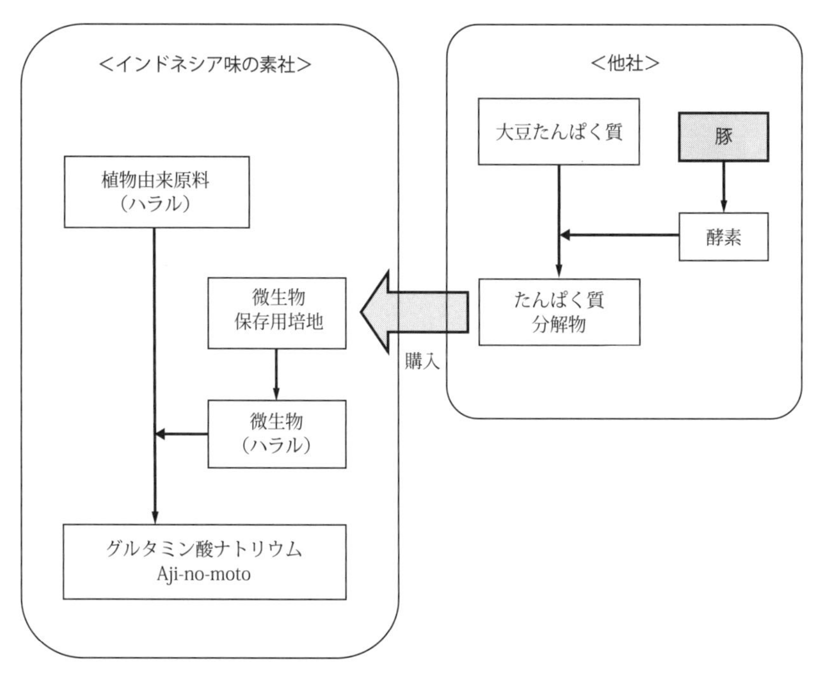

出典：拙稿（並河、2010）を修正して利用。味の素（2001）及びその他の資料から筆者作成。

この事案の当時においても、インドネシア国内では、当然、ハラルという概念は人々の行動の規範となっていたが、ハラル制度・ハラル認証は、経済社会の中で、それほど強く意識されていなかった。イスラム諸国において、ハラル制度・ハラル認証が本格的に機能し始めたのは、マレーシアがハラル・ハブ（Halal Hub）政策を公表した 2006 年頃からである。本事案が生じた 2000 年頃には、ハラル制度はあまり機能していなかったにもかかわらず、本事案については極めて精緻な審査がなされたことが、政治的・社会的な背景を指摘する見解のベースとなっている。

（4）教訓

この事案は、日本企業のハラル制度に対する考え方に大きな影響を与えた。日本企業がハラル制度に対して漠然と感じていた違和感あるいは不信感を、確信に変えた象徴的な事案であった。この事案からは、ハラル制度の本質を理解するうえで、多くの教訓を得ることができる。

第１に、中間投入物（第２章第２節３）にも、厳しくハラルが求められるということである。本事案では、酵素およびその反応生成物である培地の栄養素が問題になっている。いずれも、製造プロセスで使用されるが製品中には残らない「中間投入物」である。

第２に、非ハラルの物の派生物（第２章第２節２）はハラルではないということである。本事案で問題となったのは、豚そのものではなく、豚から単離された酵素という「派生物」である。

第３に、ハラル制度では、結果責任（第７章第２節３）を求められることである。本事案では、インドネシア味の素社は、原料納入企業から製造工程の変更を知らされておらず、非ハラルの製品の製造について故意も過失なかったが、責任を追及されたのである。

第４に、フード・チェーンのすべての段階でハラルが求められるという原則（第２章第１節３）である。本事案では、豚由来の物質の関与は極めて間接的であるにもかかわらず、責任を追及されている。また、フード・チェーンの中で、製造者が大きな責任を負うことも教訓である。今回の事案では、消費者にAJI-NO-MOTOを販売した個々の小売店舗は特に責任を追及されていない。

第５に、ハラル認証を受けていることと実質的にハラルであることは別問題である。本事案では、当該製品のハラル認証を受けていたが、実質的にハラルが確保できていなかったのである。実質的にハラルを確保しなければ、責任を問われるのであり、責任を認証機関に転嫁することはできないのである。

第６に、ハラル制度は世俗法と表裏一体の関係にあることである。本事案は、ハラル制度という宗教界の任意規格に反しただけであるが、表示法令違反ということで世俗的な権力（警察）が乗り出している。また、イスラム諸国における、政教一致原則の表れと見ることもできる。

2. マレーシア・チョコレート事案

⑴　事実関係

マレーシアで、チョコレートから豚由来成分が検出されたケースである。

マレーシア保健省（Ministry of Health）が、英国系現地菓子メーカーであるキャドバリー・マレーシア（Cadbury Malaysia）社製の2種類のチョコレートから豚DNAを検出したと、現地メディアが2014年5月23日に報じた。チョコレートの商品名はDairy Milk Hazelnut（175g）、Dairy Milk Roast Almond（175g）である。いずれの商品も認証機関JAKIMからハラル認証を取得し、認証マークを貼付していたため、この事案は大きく取り上げられた。キャドベリー社は、19世紀にはイギリス王室御用達の菓子メーカーであった由緒正しい企業であり、マレーシアで40年以上操業してきた企業であることも、事案が注目される背景となった。

キャドバリー・マレーシア社は、報道された翌日の5月24日には、全量自主回収を決めて、公表した。しかし、5月27日に、マレーシア・ムスリム消費者協会（PPIM：Persatuan Pengguna Islam Malaysia）など約20団体が、29日にマレーシア・ムスリム卸売小売協会（MAWAR：Malaysian Muslim Wholesellers' and Retailers' Association）が、抗議声明を出し、その中で同社製品のボイコットを呼びかけた。MAWARのメンバーがキャドベリーのチョコレートをごみ箱へ投げ捨てる、感情的なパーフォーマンスの映像も流れた。

JAKIMは、5月26日に、セランゴール州のシャー・アラム（Shah Alam）にあるキャドバリー社の工場に立ち入り調査を行い、分析用のサンプルを収去し、6月2日に、分析した結果として同製品はハラルであると発表した。

全国ファトワ評議会は、JAKIMの発表より前の5月29日に、ハラル認証を得た食品について、特定の製造ロットでブタDNAの混入が判明した場合は、制御・回避が困難な出来事（Umum al-Balwa）であり、その食品はハラルである旨の見解を示した。この見解は、消費者に向けて、イスラム教徒の知識や能力を超える事案については、宗教的な罪悪感を感じなくてもよいとするもので、企業の免責を認めたものではない。

なお、2014年5月30日付けJakarta Post（2014）は、両商品（マレーシア製）はインドネシアにおいても小売店で陳列されており、このうちDairy Milk Hazelnutは輸入食品に必要なML番号の登録がないと報じている。

⑵ 背景

この事案の背景には、遺伝子技術の進歩がある。現代では、遺伝子の塩基配列が簡単に、短時間で解析できるので、豚を含む各種生物の塩基配列データが蓄積されている。したがって、加工食品に含有される多種多様な微量成分の由来が、簡単に分かるようになっている。他の事案は、製造プロセスや食肉の処理プロセスなど視覚的なチェックが発端となったトラブルであったが、本件は製品としての加工食品の成分分析という生化学分析が発端となったトラブルである。10年前には、考えられない事案である。

保健省が、どういうきっかけでチョコレートを分析したのかは、公表されていない。最近のチョコレートの多くには、コラーゲンペプチドが添加されていること、健康志向の風潮の中で、大量のコラーゲンの含有量を売りにしているチョコレートが販売されていることから、チェックの対象になった可能性がある。世界的に見れば、コラーゲンの多くは豚由来であるからである。

⑶ 教訓

この事案からは、現代のハラル問題について、いくつかの教訓を得ることができる。

第1は、ハラル違反に対する社会的制裁の厳しさである。本件については、イスラム系の消費者団体、流通業界だけでなく、イスラム教徒の権利団体であるマレーシア・ムスリム連帯（ISMA：Ikatan Muslimin Malaysia）やマレー系国民の権利団体であるペルカサ（Perkasa：Persatuan Pribumi Perkasa）などの政治的な団体も反応している。その反応は、報道後数日をおかずになされており、しかも、その主張は、キャドバリー社製品ボイコットにとどまらず、親会社であるモンデリーズ（Mondelēz International）およびその関連企業であるクラフト・フーズ社の製品のボイコットも呼びかけている。さらに賠償や工場閉鎖にも言及している。一部報道によれば、同社に対する「聖戦（ジハード）」という言葉も使ったとのことである。

本事案は、短期間で収束したが、企業にとっては、認証機関からのペナルティ（認証の取り消し、回収指示）よりも、社会的な制裁こそが脅威であることを示している。社会的な信用の失墜により、ビジネスができなくなるからである。キャドバリー社が、事実関係を確認するいとまもなく、報道の翌日に全量の回収を公表したのも、ハラル食品に対するイスラム教社会の厳しさを熟知していたからである。

第２に、本事案は、生産者と消費者の宗教的責任は、視点が異なることを示している。全国ファトワ協議会の見解は、消費者は認証マークを見て購入しているので許されるとしているが、キャドバリー社についてはコメントしていない。イスラム教徒の消費者は、神との対話において、回避可能性がなかったと言うことができる。しかし、生産者は原材料の選択やチェックをする能力と技術を有しており、回避可能性がなかったということにはならない。また、消費者の場合は、自らの宗教的な罪悪感をどうするかという問題であるが、生産者は、イスラム教徒である消費者に対して、非ハラルの食品を供したという宗教的な責任を問われることになる。

第３に、ハラル制度における自己責任の原則である。認証機関から認証を得ていても、非ハラル成分が検出された場合には、企業が、宗教的・社会的な責任を問われる。製品が実質的にハラルであることを、企業自らが確保する必要がある。審査の緩い認証機関の乱立する日本でハラル認証を得ても、海外で現実に非ハラルと判断された場合には、その責任はすべて企業が負うことになる。

3. UAE 醤油事案

⑴ 事実関係

アラブ首長国連邦（UAE）で、キッコーマンの醤油からアルコールが検出されたケースである。

UAE の気候変動環境省（MOCCAE: Ministry of Climate Change and Environment）は、2017 年 8 月 8 日に、キッコーマン醤油の含有アルコールの濃度が高いことを理由に、その輸入を禁止する警告を出した。また、UAE 内の市場での流通も、法令（Ministrial Resolution No.539, 2012 on the Standard Guide to the Procedures for the Prohibition of Handling and Banning of Food）に基づき差し止めた。また、消費者に対して、すでに購入したキッコーマンの醤油を、種類を問わず、廃棄するように勧告した。同省によれば、アルコール濃度は、製造日の異なる複数のサンプルを、公的な試験機関で検査したとのことである。ただし、今回の決定の対象は日本で製造されたキッコーマン醤油だけであり、他の国で製造されたキッコーマン醤油は対象ではない。

引き続き、同省は、同年 9 月 13 日に、米国で製造されたキッコーマン醤油についても、アルコール含有量を理由に、上記法令に基づき UAE の市場から回収とする決定をした。8 月と同様に、消費者に対し、すでに購入したキッコーマンの醤油を廃棄するように勧告した。なお、今回の対象は、米国で製造された低塩醤油（Low Sodium Soy Sauce）（296ml ビン詰）だけであり、他の国で製造された同醤油は対象ではない。

なお、現在（2019 年 1 月）では、ドバイ市内の一般スーパーマーケットで、シンガポールで製造されたキッコーマンの醤油が陳列・市販されている。ドバイ市内では、香港、中国産で生産された、キッコーマン以外の企業の各種醤油も陳列・市販されている。UAE では、加工食品のハラル制度があまり機能していないこともあり、いずれの醤油にもハラル認証マークは表示されていない。

⑵　背景

この事案の背景には、日本食ブームがある。ドバイに代表されるUAEは、世界を代表する豊かな国であり、健康志向が強く、日本食に対する関心が高まっている。また、UAEは、自由貿易都市、国際観光都市であり、日本人を含め多くの外国人が訪れる。このため、日本食レストランや日本食材の小売店舗が進出しており、醤油が輸入・販売・使用されてきた。日本食に醤油は欠かせない調味料であるからである。

しかし、醤油には一定量のエタノールが含有されており、これが独特の風味、芳香や保存性を付与している。いわば、エタノールは醤油にとって欠くことのできない成分である。しかも、醤油はアルコール飲料と違い、ごく少量だけが消費される調味料である。このため、醤油は、ハラルであるか否かを意識されることなく、市場に出回ってきたのであろう。

⑶　教訓

この事案も、多くの有益な教訓を含んでいる。

第１は、アルコールについての国情の違いである。アルコール飲料は、すべてのイスラム諸国においてハラルではない。しかし、市場での扱いは、東南アジアのイスラム諸国と中東では大きな相違がある。インドネシア、マレーシアでは、アルコール飲料はスーパーマーケット等の一般小売店舗で市販されている。マレーシアでは、非ハラル食品の売り場で陳列されているが、インドネシアでは、一般のスーパーマーケットで陳列されており、店舗によっては、売り場の最も目立つ棚に陳列されていることがある。他方、中東の多くの国では、一般市場でアルコール飲料を販売する店舗はない。中東は、アルコール飲料に対して厳しい姿勢を採っている。

第２は、アルコールの含有量の基準の曖昧さである。既述（第２章第２節１）のとおり、アルコールの含有量についての規定は曖昧である。含有量が少ない、１回に摂取する量が少ない、意図しない副生物であるなど、企業側の思い込みは、トラブルの元である。

第３は、中東のイスラム諸国にはハラル制度がない、制度があっても機能していないので、ハラル認証を取得するという対応ができないのである。また、他国で取得したハラル認証は有効ではない。したがって、製造企業は自らの責任でハラルを確保しなければならないのである。

第４に、食品の製造企業は、商品をいったん出荷すると、その流通のすべてをコントロールできない。とくに日本食用という特殊な商品は、その少量が、製造企業が想定していない地域に転々と流通していく可能性がある。しかし今回のケースのように問題が生じると、流通業者の名前ではなく、製造した企業のブランドだけがとり上げられる。

4. その他

(1) マレーシア・アイスクリームの事案

2007 年に、マレーシアで、ユニリーバの Wall's（ウォールズ）のアイスクリームの非ハラル疑惑が浮上した。消費者が Paddle Pop Rainbow Peak アイスクリームに含まれる２種類の添加剤を取り上げて、ハラムではないかと指摘したことに端を発する。しかし、同社の製品には、ゼラチンは含まれておらず、懸濁材として使用されるモノ・グリセライド、ジ・グリセライド、安定剤として使用されているカラギーン（carrageenan）はいずれも植物由来であった。マレーシアで販売される同社のアイスクリームは、マレーシア以外にタイ、インドネシア、中国、フィリピンで生産されたものがあるが、それぞれ The Central Islamic Committee of Thailand（TCICOT）、Majelis Ulama Indonesia（MUI）、China Islamic Association（CIA）、Ulama Conference of The Philippines といった国ベースで統一された認証機関などのハラル認証を受けている。いずれも、マレーシアの JAKIM の公認の認証機関（団体）である。

ユニリーバという国際的なハラル対応が進んでいる世界的な企業の事案であるため、大きな関心を集めたが、消費者の不安・推測に基づく過剰な対応にすぎなかった。ただし、この事案は、イスラム教徒の消費者が、加工食品のハラルについて強い関心を持っていることを示している。

⑵　韓国製即席めん事案ほか

インドネシアで、韓国製の即席めんに豚由来品が検出された事案である。

インドネシア国家食品・医薬品監督庁（BPOM: Badan Pengawas Obat dan Makanan）は、2017年6月18日、韓国製の輸入即席めん4品目から豚DNAが検出されたことを理由に、該当品の販売を禁止した（ML番号〔第7章第1節5〕を取り消した）。また、輸入業者に期限を定めて、該当製品の市場からの回収も命じた。インドネシアでは、既述（第2章第1節10）のとおり、豚成分を含む食品については赤い文字でMengandung Babi（豚成分を含む）と記載する必要があったが、該当4品にはその記載がなかった。

4品目は、Samyang（三養）社のU-DongとMi Instan Rasa Kimchi、Nongshim（農心）社のShin Ramyun Black、Ottogi（オットゥギ）社のYuel Ramenである。

韓国製の即席めんは、多種多様な商品が、インドネシア、マレーシアだけでなく、アラブ首長国連邦でも陳列されている。海外市場開拓に慣れた韓国企業でも、このような問題に直面することから、輸出という形でハラルをクリアすることの難しさを知ることができる。

なお、日本企業が関係する、似たようなケースがある。2014年に、上記（本節2）のCadburyチョコレート事案と相前後して、ブルボン（本社、新潟）のポテトチップス（Petit Consomme Potato）が、豚成分を含有しているにもかかわらず、その旨表示していなかったことを指摘され、製品回収に至っている。本製品は、インドネシアの大手コンビニエンスストア（Indomaret）で販売されていたにもかかわらず、必要な表示がなされていなかった。製造企業、輸入代理店、小売店舗の間のコミュニケーションの齟齬が原因と思われる。この事案も輸出という形で、ハラル対応することの難しさを示している。

⑶　煙草論争

特殊な事例として、インドネシアの煙草論争を紹介する。

インドネシアでは、煙草は、食品のハラル制度の中では、禁止対象となっていないが、2009年に、これを禁止するか否かで、大きな議論になった。インドネシアのファトワ機関である全国ウラマー評議会（MUI）は、喫煙をハラム（不浄）と勧告したが、東ジャワ州のMUIは、成人男性については、その勧告の見直しの余地があるとした。理由の1つとして、インドネシアの主要産業であり、多数の雇用をうみだしている煙草産業への配慮も挙げられている。この事例は、禁止される物の判断材料に、健康以外の要素も入る可能性があることを示している。

なお、マレーシアでも、煙草は食品のハラル制度の中では禁止対象とされていないが、前述（第2章第1節4）のとおり、宗教的・社会的に良くない物として、ドラッグとともに、ハラル認証を申請できない物の例として挙げられている。インドネシアでも、煙草がハラルとされる可能性はないが、喫煙率が高いこともあり、煙草をハラムとすることの影響の大きさに鑑み、曖昧な状態になっている。

第2節　食肉のトラブル

1. 生体牛輸出禁止事案

⑴　事実関係

オーストラリア政府が、イスラム式屠畜方法が残虐であるとして、生体牛のインドネシアへの輸出を停止した事案である。

オーストラリアのテレビ局ABC1（公共放送―日本のNHKに相当）が、2011年5月30日に、オーストラリアから生きたまま輸出された牛が、インドネシアの機械化されていない施設で手荒に扱われ、イスラム教に則って屠畜されるシーンを、「Bloody Business（血塗られたビジネス）」と題して放映した。具体的には、清潔には見えない施設内で、四肢をロープで引っ張られて動きを制御された牛が、ナイフで屠畜されて、放血されるシーンが放映された。ABC

1の人気ドキュメンタリー番組「Four Corners」で、しかも午後8時30分というゴールデンタイムだったこともあり、子供を含めて視聴した家庭も多かった。このため、視聴者から残酷で動物虐待であるとの声が上がり、一気に議論が過熱し、社会問題化した。この事案は、英国のBBCのニュースも、大きく取り上げるなど、国際的にも波紋が広がった。

オーストラリア政府は、放映直後に、放映された屠畜施設への輸出を禁じ、さらに、同年6月8日に、インドネシアの屠殺方法に問題があるとして、インドネシアへの生体牛輸出を最大で6カ月間停止する措置を発動した。直後から、オーストラリア政府とインドネシア政府の協議が行われ、7月6日に、国際基準に適合した処理ができる食肉処理施設向けに限るとの条件付きで、輸出一時停止措置を解除した。その後、インドネシア国内の施設の改善が進み、徐々に、許容される食肉施設の範囲が広がった。オーストラリアにとって、インドネシアは重要な輸出先であり、インドネシアにとっても、オーストラリアは重要な牛（牛肉）の供給地であり、経済的な利害は一致しているため、あいまいではあるが、早期に決着がついた。

しかし、イスラム式屠畜方法は継続されているため、現在でも、底流では生体牛輸出についての議論が続いている。

⑵　背景および教訓

本事案には、3つの背景がある。

第1に、イスラム式屠畜の規定は、最も宗教的で、非イスラム諸国の企業がクリアすることが難しい箇所である（第3章第1節3)。このため、オーストラリアは、毎年多数の食肉用動物（おもに牛、羊）を生体のまま、イスラム諸国に輸出している。こうすれば、オーストラリア国内でハラル制度に則った屠畜をする必要がないため、食肉等がハラルであるか否かの問題を回避できるからである。

第2に、動物処理の考え方の相違である。イスラム教では、ハラル制度に則った屠畜は動物を苦しめず、死を厳粛に受け止める方法であり、動物愛護になると考えている。しかし、オーストラリアを含む欧米諸国では、そのような方法は残酷であると考えている。オーストラリアの動物愛護団体（Animals Australia）は、イスラム式の屠畜方法を残酷であると、批判を続けてきた。

第３に、生体牛輸出をめぐる、オーストラリア国内の議論である。生体牛輸出そのものが、動物を長期間にわたって、狭い船内に大量の動物を閉じ込めるため、動物愛護の精神に反すると批判されてきた。オーストラリア政府は、このような批判に対応するため、生体動物の輸出についてのルールを何度も制定してきた。本件事案の直前の 2011 年 4 月には、多くの議論を経て、オーストラリア生体牛輸出基準（Australian Standards for the Export of Livestock（Version 2.3）2011 ）及び生体牛輸出に関するオーストラリアの見解声明（Australian Position Statement on the Export of Livestock（2006 年版の改定））を出していた。それから、２か月足らずで、生体牛輸出の議論の余韻が残る中で、本事案が生じたため、問題は大きくなった。

⑶　関連事案

オーストラリアはマレーシアとの間でも、イスラム式の屠畜についてのトラブルを経験している。マレーシア政府は、2005 年 7 月に、オーストラリアの食肉処理施設が、牛の屠殺の事前プロセスとして、電気ショックを利用していることを理由に、オーストラリアからの牛肉の輸入を停止した。その後、両国間で協議が行われ、マレーシアは、オーストラリアの処理施設が導入した空気ショック方式は規準に適合するとして、2006 年 4 月に輸入を再開した。この事案も、屠畜プロセスでハラル制度をクリアすることの難しさを示している。

2. 佐賀牛事案

(1) 事実関係

佐賀県職員が、ハラル認証を得ていない和牛肉を、所定の手続きを経ずに、イスラム諸国であるアラブ首長国連邦（UAE）に持ち込んだケースである。

佐賀県は、県産の高級和牛「佐賀牛」の海外市場開発を進めるため、農林水産省の補助金を得て、佐賀牛肉をアラブ首長国連邦に輸出する事業（中東市場開拓推進事業、2008年度～2010年度）を行っていた。この事業の担当職員が、UAEのハラル認証を得ていない佐賀牛の肉をスーツケースに入れて、空路UAEに持ち込み（2回、計24.1kg）、ドバイの高級レストランのシェフを集めた試食会（2008年9月）、在ドバイ日本総領事館でのレセプション（11月）で供した。

レセプション等で供した牛肉は、㈳佐賀県畜産公社（多久市）で処理したが、UAEのハラル認証を得ていなかった。10月には、UAE関係者、日本国内のイスラム教宗教団体が、同公社の食肉処理を訪問していたが、11月にはUAEのハラル認証が見送りとなるとの連絡があった。また、同牛肉の持ち出しに際して、日本の家畜伝染病予防法に基づく諸手続き（輸出検査申請書の提出、書類・現物検査、輸出検疫証明書の受領）を受けていなかった。UAEのハラル認証が条件となっている食肉衛生証明も取得できていなかった。したがって、UAEでも、検疫証明書、食肉衛生証明書、ハラル証明書を提出せずに通関していたことになる。（第8章第2節3の図表8-4参照）厳密に言えば、輸送中のハラルも確保されていなかったことになる。

また、佐賀県は、前年の2007年12月に、イスラム諸国であるクウェートの日本大使館でのレセプションにおいても、佐賀牛の肉を供していた。なお、佐賀県は、2009年2月には、佐賀牛を、埼玉県内のUAEのハラル認証を得た処理施設で処理して、ドバイで開催された食品見本市（Gulf Food）に牛肉、約10kgを出展した。

農林水産省は、2008年の2件について、家畜伝染病予防法の違反について、県に説明を求めた。佐賀県は、2009年3月に、同違反があったことを認め陳謝し、交付された補助金（約2,000万円）を返還するに至った。県議会は、法令違反、ハラル認証未取得、補助金の返還等について、厳しく追及した。UAEからは、特段のクレームはなかったが、佐賀県知事は、議会で、UAEや関係した宗教団体に対しても陳謝の言葉を述べている。2009年4月には、知事、副知事をはじめ、関係した県職員が、減給・戒告等の処分を受けている。この事業の実施主体は、佐賀県農林水産物等輸出促進協議会（JA 佐賀など 6 団体、県、県内 6 市で構成）であるが、会長は県の流通課長、職員は県流通課職員が兼務しており、実質的に県の組織であった。つまり、事業は、事実上県の直轄事業であったため、厳しい処分となった。

(2) 背景

この事案には、自治体の行う公的な事業独特の背景がある。ただし、いずれも、形を変えて、食品企業が直面することが多い背景でもある。

第 1 は、自治体間の競争の激しさである。多くの自治体が地域農産物・食品の輸出促進政策を有している。その中でも、イスラム圏の食品市場は、未開発の市場として、多くの自治体を引きつけてきた。佐賀県も、イチゴやハウスミカンとともに、県自慢の佐賀牛の輸出市場の開拓に力を入れてきた。2007 年に香港市場、2008 年に米国への参入に成功し、自信をつけたこともあり、「我が国から UAE ドバイ向けの牛肉輸出の一番乗りを目指す」との目標が示されていた。しかし、羽曳野市立南食ミートセンター（大阪府）が UAE 政府からハラル処理機関として暫定的な認定を受けたとの情報などに、佐賀県は強い焦りを感じていた。(佐賀県、2009a)

第 2 は、注目政策であることである。本事業は、国策にも合致しており農林水産省の補助金も得て、この種の事業としては異例の巨額の予算措置（3 年合計で、約 7,500 万円）が講じられていた（佐賀県、2008)。自治体の予算であるので、年度ごとの支出計画、目標が厳格に決められており、2008 年度においても計画された事業（ドバイでの事業）を確実に実施する必要があった。注目度が高いので、ハラル認証が取れていない等の事情があっても、無理に実施せざるを得なかったのである。

第 3 は、専門性の欠如である。県の担当部局は貿易・マーケティングの専門家ではなく、商社も関与せず、ドバイに受け入れ業者はいないという状態で事業が進められた。いわば、手作りの事業であった。

このような背景の中で、ハラル制度をクリアすることに、十分な時間をかけることがでなかった。そのため、詳細な規定にまで目が届かず、土産やサンプルは制度の対象外と考えたのが原因であるとされている（佐賀県、2009b）。

(3) 教訓

この事案の中に、ハラル認証に関する多くの教訓を、見ることができる。

第１は、食肉のハラルの確保は、法令に基づき強制されるということである。ハラル規格は、本来、任意規格であるが、屠畜・食肉に関する部分は動物検疫関連法令と結びついて、すべてのイスラム諸国において強制規格となっている。ハラル制度を明確な形で持たないイスラム諸国でも、食肉はハラルであることが必須である。日本国内からイスラム諸国に向けて持ち出す時も、イスラム諸国に持ち込む時も、通関時にハラルの証明書が必要である。つまり、ハラル認証がないと通関もできない。

第２は、サンプルであってもハラル認証が必要である。市場開拓段階における少量のサンプル輸出でも、ハラル認証が必要ということである。

第３は、屠畜・食肉施設のハラル認証の難しさである。とくに日本のような非イスラム諸国の屠畜施設が、ハラル認証を取得するのは容易ではない。本件の佐賀牛を処理した㈳佐賀県畜産公社（多久市）の技術力は高く、ISO22000（食品安全マネジメントシステム）を取っている。しかし、本事案の時点では、同公社はUAEのハラル認証を得ることができなかった。食肉処理は、ハラル制度の中でも、宗教的な色彩が強く、かつ、審査が厳密で、認証を得るのが難しいこと（第３章第１節3）が、証明された形となった。しかも、認証には日数を要することも示された。今回のケースでは、UAEから調査員を派遣してもらい、さらに調査後に１か月程度してから、認証不合格と判明している。

第４は、ハラル制度の国際的な互換性の欠如（第８章第１節６）である。㈳佐賀県畜産公社は、ハラル認証取得のために、国内の宗教団体の助言を受けていたが、UAEの認証不合格となっている。ハラル制度は、国際的な互換性がないので、輸出先ごとに認証を取らざるを得ないのである。佐賀県が

UAEに牛肉持ち出しを行った2008年9月より前の時点では、日本国内にある屠畜施設で、UAE向けに輸出できるハラル牛肉を生産する施設は存在していなかった。このため、佐賀県は、㈳佐賀県畜産公社に認証を取得させようとしたのである。

3. デンマーク食肉規制問題

デンマーク政府は、2014年2月、電気ショックを用いない、イスラム教およびユダヤ教の屠畜方法を禁止した。2009年に改正されたEUの「屠畜時の動物の保護に関する規制」(Council Regulation (EC) No1099/2009, on the Protection of Animals at the Time of Killing) は、屠畜前の電気ショックを求めているが、宗教的な理由がある場合は、例外を認めている (Article 4 Paragraph 4)。EUの規制も、屠畜に際して動物を苦しめないということを理由としている。他方、両宗教はいずれも、家畜は屠畜される時には正気でなければならないとしているが、デンマーク政府は正気にある動物を屠畜することは残酷であるとの原則を強調して、例外を排除したのである。当時の農業食品大臣Dan Jorgensenは、テレビ (Denmark's TV2) において、「動物の権利は宗教に優先する」と述べている。

これに対して、デンマークのイスラム教団体 (Danish Halal) は、デンマーク政府の規制は「宗教の自由に対する明白な干渉」であると、強く反発している。

本事案もオーストラリア生体牛の事案と同様に、動物愛護の考え方が、キリスト教とイスラム教では異なっていることが背景にある。

なお、穐山 (2013) は、古くはスイスにおいて、イスラム教と同様の屠畜方法を採るユダヤ教の屠畜方法 (シュヒター) が、動物愛護に反するとして、1893年の国民投票を経て、連邦憲法で禁止された旨述べている。この屠畜方法と西欧的な動物愛護の考え方の溝は極めて深いものがある。今後も、形を変えて、この種の問題が生じることが懸念される。

第5章 ハラル制度の宗教性

第1節　制度内容の宗教性

1. ハラル制度は宗教か

ハラル制度は、その内容・運用、構成・性格のいずれをとってみても、一般法令ではなく、イスラム教という宗教そのものである。内容では、禁止食材、イスラム教徒の必置、宗教行為の強制、構成では、シャリア法との関係、認証機関、制度の非成文性・非公表性、非体系性において、強い宗教性が見られる。

しかし、日本国内では、企業の実務者とくに技術者の多くは、ハラル制度を技術関連の許認可法令と捉えているようである。ハラル制度は、宗教を源とするが、現代では宗教性は希薄であり、一般法令（たとえば食品衛生や環境規制の法令）と同じ性格を有しているとの考え方である。そのように感じる第1の理由は、実務的にハラル規格をクリアしていくプロセスは、規制法の基準をクリアしていくプロセスと変わらないことである。第2の理由として、ハラル規格が産業規格（工業規格）の中で定められていること、ハラル規格が一般法令を援用していること、ハラル規格が一般法令と相補う形で執行されることがある。

単にハラル認証を取得すればいいという実務者にとっては、ハラル制度を宗教と解するか、一般法令と解するかを議論する価値はないかもしれない。しかし、ハラル制度を宗教と解してはじめて、制度の本質が理解でき、ハラル制度に関する社会的な混乱や、大きなトラブルを回避することができる。そして、企業は、ハラル市場開発のために採るべき有効な戦略を立案できる。また、政府も、ハラルをめぐる諸問題への適切な対応、海外市場開拓のための的確な政策を立案できる。

以下、本章では、ハラル制度は宗教そのものであることを、禁止食材、イスラム教徒の必置、宗教行為の強制、シャリア法との関係、認証機関、非成文性・非公表性の順で示す。非体系性については、第7章第1節2において述べる。また、次章以降で、ハラル制度は、西欧近代科学の視点からは、科学性に欠けること（第6章）、法令ではないこと（第7章）を説明する。

2. 禁止食材の理由

⑴ 禁止食材の一般則

ハラル制度の中では、使用禁止の食材（第2章第1節7）において、随所に宗教性が出ている。禁止食材は、神（または預言者）あるいは聖職者の宗教的な判断で決められて、リストアップされている。これらについては、禁止の理由・基準は示されていない。禁止食材リスト（図表2-3）は、豚、アルコール飲料、適正に屠畜されなかった動物の他にも、肉食の動物、嫌悪感を覚える生物、病原菌を媒介する生物、不潔な場所に生息する生物、有毒なもの・中毒性のもの・健康を害するもの、汚物、人間の部位、遺伝子組み換え食品などと幅広い食材に及んでいる。しかし、その中に一般則を見出すことはできない。衛生的、疫学的な基準だけでは説明がつかない。

一般法令であれば、物を禁止する場合には、まず禁止理由があって、その理由を基準化し、この基準を各種の食材に当てはめて、それが禁止されるか否かを判断する。その一般基準が定量的なものであれば、その標準的な測定方法も併せて示されるのが普通である。

しかし、ハラル制度の禁止食材は宗教的な与件であり、そこには議論の余地がない。イスラム教では、立法者は神のみであり、したがって何がハラルであるかを決めるのは神のみである。つまり、現世の人間が勝手に、何がハラルであるかを判断してはならないのである。しかも、イスラム教徒は、神が禁止したものについて、なぜ不浄なのか、害になるのかを、また、どのように不浄なのか害になるのかを問うてはならないとされている。まさに宗教である。

⑵　禁止食材の固定性

禁止食材は、神が決めたことであるので、事情の変化により、その禁止が解除されることはないのである。仮に技術進歩があっても、禁止食材が可食になることはない（第6章第1節1)。そもそも禁止理由を問うてはならないのであるから、議論そのものが起こらない。その禁止により消滅に至る産業があっても、禁止食材が変わることはない。その種の産業の存在そのものが悪であるとなるのである。国際的な自由貿易協定に基づき海外から批判があっても（第8章)、禁止食材（たとえば、ハラルでない肉製品）の禁止が解除されることはないし、その輸入が認められることはない。動物愛護の考え方に合わせて、動物の屠畜方法が変化することはない。その結果、前述（第4章第2節）のとおり、屠畜をめぐる国際的なトラブルが生じる。このように、禁止食材の固定性は、宗教そのもである。

ただし、禁止食材は、減少することはないが、時代とともに増加していく。コーラン等の成立過程では存在しなかったものについて、キヤース（Qiyas）により、ハラルでないと判断されることがあるからである。キヤースは、既述(第1章第1節3）のとおり、クルアーン（コーラン）およびハディースの教えの解釈である。既存の禁止事項からの類推により、具体的な禁止事項を明確化する機能を有する。禁止食材の禁止理由は示されないと書いたが、禁止食材の追加の過程で、その理由を垣間見ることはできる。ただし、追加される禁止食材についても、その判断は、コーランやハディースに基づく宗教的な判断である。

3. イスラム教徒の必置

ハラル制度には、イスラム教について十分に理解しているイスラム教徒の関与を求める規定がいくつか存在する。

第1に、屠畜・食肉処理プロセスに、イスラム教徒が必要とされる（第3章第1節2）。屠畜部門では、屠畜・食肉処理者および監督者はイスラム教徒である必要がある。電気ショックを使用する場合の、電流等の管理をする者もイスラム教徒である。シンガポールでは、家禽類の屠畜・食肉処理にもイスラム教徒が必置であることが規定され、その役割が細かく規定されている。

第2に、社内の管理部門にイスラム教徒が必要である（第2章第1節5）。マレーシアのハラル制度では、社内のハラル対策を総括するために、社内にイスラム教徒のハラル管理者を任命するか、イスラム教徒から構成される委員会を設置する必要がある。インドネシアでも、原則として、社内のハラル管理委員会の長はイスラム教徒であることとしている。ただし、インドネシアのハラル制度では、海外企業でイスラム教徒がいない場合には、イスラム教の知識を有する非イスラム教徒で代替できるとしている。シンガポールでも、社内のハラル・チームに研修を受けた2人以上のイスラム教徒を配置する必要がある。

第3に、ハラルのレストランやケイタリングの調理施設には、イスラム教徒が必要である（第3章第3節1）。

第4に、マレーシアでは観光サービスにおいて、教育を受けたイスラム教徒の責任者を任命することとされている（第3章第3節2）。

ハラル制度は、明文化されている国でも、その記述は極めて簡略されているため、その理解にはイスラム教徒が共有する素養が必要であるからであろう。また、これらイスラム教徒が行うべき行為は、習俗的な行為として外形だけ行えばいいのではなく、完全な宗教行為として心を込めて行うことを求めているのである。

ハラルであるためにイスラム教徒が必要ということは、ハラル制度が宗教の制度であることを如実に示している。

4. 宗教行為

ハラル制度には、イスラム教の宗教行為を強制する規定がいくつか存在している。

第1は、屠畜・食肉プロセスである。前述（第3章第1節2）のとおり、イスラム教徒である屠畜者は、家畜1頭ずつの屠畜の直前に、タスミヤ（Tasmiyyah）と言われる宗教的な言辞を述べる必要があり、聖地（メッカ）の方角を向いて行うことが望ましいとされている。宗教行為そのものである。鶏のような小型動物でも、1羽ごとに宗教行為が必要である。

第2は、儀礼的洗浄である。ハラムの物に汚染された機器等をハラルの物に使用する際には、儀礼的洗浄が必要となる。儀礼的洗浄は、完全な宗教儀式である。この儀式は、宗教機関の監督の下に行うこととされている。また、その内容は、前述（第2章第1節8）のとおり、水と土の懸濁液を使った洗浄であり、その洗浄回数などの方式だけでなく、使用する水の条件、土の条件も決められている。この懸濁液そのものには界面活性や殺菌作用は期待できない。しかし、洗剤や消毒・殺菌剤を使用した洗浄で代替することはできず、洗剤等による洗浄を行う場合でも、この儀礼的な洗浄を省くことは許されない。

この儀礼的洗浄は、①工場で食品加工機械をハラル用に転用する場合、②レストランで豚由来品などに使用した制作ライン、調理場所、冷蔵蔵・冷凍機、台所用品、食器・陶器などをハラル用とする場合、③輸送中にハラムの物で汚染された場合などに、行う必要がある。

第3は、社内管理における宗教教育である。前述（第2章第1節5（3））のとおり、経営管理におけるハラルの要件として「研修プログラム」、「社会化プログラム」を進めることが規定されている。「研修プログラム」は、ハラル実施のための研修であるが、必然的にイスラム教の教義の解説を含むものである。しかも、非イスラム教徒に対する教育も含むので、実質的に布教である。「社会化プログラム」は、納入企業など社外の関係者にハラルの重要性を周知するものであり、布教の性格を有している。

ハラル教育については、個別の規格の中にも記載されている。たとえば、食品（第２章第１節８（4））、医薬品（第３章２節２⑶）、包装（第３章第２節３（3））、化学品（第３章第２節４⑵）、レストラン（第３章３節１）、輸送（第３章第３節３（2））などである。

そもそも、企業は、ハラルの製品を作るために、原料納入企業にハラル認証の取得を求めることになるので、このようなハラル制度の構造そのものに、イスラム教の布教という性格が内包されている。

第４は、宗教施設の設置である。工場等では、イスラム教徒の宗教行為の便宜を図る必要がある。前述（第２章第１節８（4））のとおり、食品工場内に祈祷場所を設置すること、金曜礼拝を認めることとされている。また、施設内には、いかなる偶像も設置してはならないとされており、この違反はハラル認証マークの不正使用と並んで重要な違反とされている。

第２節　制度構成の宗教性

1. 本質的な宗教性

前節で、ハラル制度の「内容」の宗教性を述べたが、それ以前に、ハラル制度は、その「本質」そのものが宗教そのものである。その要点を次に示す。

第１に、法源である。ハラルの概念の源は、前述（第１章第１節３）のとおり、イスラム教の聖典：コーラン（Al-Quran）、イスラム教の預言者の言行録：ハディース（Hadith）、イスラム教における勧告、布告、見解を司るファトワ（Fatwa）の見解：イジュマアウラマー（Ijima'Ulama）、コーランおよびハディースの解釈：キヤース（Qiyas）である。ハラル制度は、これらを成文化しているのであり、まさに、宗教そのものである。

第２に、制度自らが宣言する宗教性である。マレーシアの各ハラル規格には、シャリア法とはアッラーの命令であると明記されている。各ハラル規格において、最も需要な概念、ハラル、不浄（Najia）、動物の屠畜、儀礼的洗浄、有毒生物の無毒化などは、シャリア法に則っていることが明記されている。さらに、各規格において、シャリア法とは、シャーフィー（Shafii）学派またはマーリク（Maliki）、ハンバル（Hanbali）、ハナフィー（Hanafi）学派のイスラム法、またはファトワ（Fatwa）を意味すると定義している。つまりスンニ派の学派に限ることを明記している。

第３に、公権解釈の機関は、宗教機関であるファトワ（Fatwa）である。ファトワは、大きな論争になるような事案では、見解を表明し、それが公権的解釈となる。最近の例では、インドネシアでは2009年にウラマー評議会が、煙草がハラムか否かについて見解を示しており（第４章第１節４（3））、マレーシアでは2014年のチョコレート事件（第４章第１節２(1)）で、全国ファトワが問題となったチョコレートはハラルである旨宣言している。

2. 宗教機関の判断

ハラル認証機関は、政府ではなく、宗教機関である。このことも、ハラル制度は宗教であることを示している。まず、個別案件ごとにハラルか否かの判断は宗教機関が行う。ハラル認証の現地調査では、必ず宗教学者が同行する。また、認証判断は宗教的な判断であるので、不服があっても、一般裁判所に申し立てることはできない。ハラル認証違反に伴う制度上の最大のペナルティは、認証の取り消しであり、政府の関与は基本的にはない。

政府系機関が、宗教機関に替わって、認証業務を担当する動きがあるが、詳細に見てみると、ハラルか否かの判断は宗教機関に留保されている。

マレーシアでは、ハラル認証の申請先は、2006年９月に宗教機関であるJAKIMから首相府直属のハラル産業開発公社（HDC: Halal Industry Development Corporation）に移管されたが、2009年８月に担当はHDCからJAKIMに戻された。この３年間においても、認証の意思決定は宗教機関で行われていた。再移管が行われたのは、ハラル制度が宗教制度であるという本質から乖

離した状態に対する強い反対があったからである

インドネシアでは、後述（第7章第1節5）のとおり、2014年10月に公布されたハラル製品保証法（Law on Halal Product Guarantee）は、ハラル認証の実務を担う機関として、それまでのファトワ機関（MUI）に替えて、ハラル製品保証実施機関（BPJPH）を設立するとしており（Article 1）、同機関はすでに設立された。ただし、製品がハラルであるかの判断は、依然MUIが行うこととされている（Article 10（2））。

オーストラリアは、イスラム諸国向けに輸出肉のハラルを確保するために、政府管掌ハラル制度（AGAHP：Australian Government Authorised Halal Program）（第8章第2節4）を導入している。AGAHPは、家畜の屠畜・食肉処理、輸送等の手順、ハラル認証の手続き、ハラル・スタンプ（認証マーク）等について定めており、これに適合する食肉をハラル認証している。外形上は、政府がハラル認証をしているように見える。しかし、同制度の下においても、個別の屠畜施設がハラルであるか否かを審査し、判断するのは宗教団体である。

3. 非成文性・非公表性

ハラルの概念は、文章にしない（非成文）ことが原則である。この非成文性は、ハラル制度の宗教性を強く反映している。

ハラルの概念を成文化して、現在の形のような制度・規格の形にしたのは、1997年のCODEXの「ハラルという用語の使用のために一般ガイドライン（General Guideline for Use of the Term "Halal"）が最初である。国ベースでは、2000年にマレーシア政府が、ハラル認証の要件として食品ハラル規格（MS1500）を規定したのが、最初である。ハラル制度、つまり、ハラル認証の要件を定める制度をつくると、必然的にハラルの概念を「文章化」することになる。

イスラム諸国の中でハラル制度を設けている国は少ない。国ベースで統一された成文化されたハラル制度がある国は、マレーシア、インドネシアなど東南アジア諸国の数か国およびアラブ首長国連邦などに限られる。これらの国では、ハラルの要件が制度（規格）として成文化されている。しかし、イスラム教の中心地である中東のほとんどの国には、国ベースのハラル制度はない。もちろん、ハラルの概念は厳然として存在しており、イスラム教徒の日々の生活を律しているが、成文化された制度はないのである。

成文化されない最も大きな理由は、前述（第５章第１節２）のとおり、イスラム教では、ハラルまたはハラムとすることは、神のみが持つ権利であるとされているからである。つまり、ハラル認証の制度を設けて、認証の要件を文章化することは、現世の人間がハラルの要件を決めていることになるからである。ハラルをどのように実践していくかは、各イスラム教徒の心の問題であり、常に神との直接対話の中で決めていくものである。しかし、文章化すれば、ハラルの概念が文章化した人間のレベルで固定化することになる。文章化すれば、より良きイスラム教徒たろうとするのではなく、文章化されたこと（基準）を形式的に守ればいいということになる。また、文章化すれば、その言葉が独り歩きして、ハラルの概念が変質してしまうおそれもある。

ハラル認証を行っている宗教機関は、食品等のハラルを判断するための基準を有しているはずである。しかし、非成文が原則とのイスラム教の考え方から、成文化したものを内規とするだけで、公表していない宗教機関も多い。

成文化されていない制度の下では、企業は認証の明確な基準を知ることができず、対応に苦慮することになる。ハラル制度を規制法と解するがゆえに苦慮するのである。ハラル制度は宗教の制度である。

第6章 ハラル制度と科学

第1節　ハラル制度の科学性

1. 原則の科学性

(1)　外見上の科学性

ハラル制度の実務では、化学分析、機器分析、遺伝子解析など科学的な手法が多用される。認証機関は、ハラル認証、ハラル違反監視のプロセスでサンプルを収去し、これら科学的な手法を駆使して分析する。企業も、納入された材料のチェック、ハラル製品の開発において、科学的な手法を使用している。そして、禁止食材として遺伝子組み換え生物が挙げられている。このため、現代のハラル制度は、科学技術に裏打ちされた制度のように見える。

しかし、第5章で述べたとおり、ハラル制度は宗教そのものである。したがって、ハラル制度は、その本質的においても、個々のルールや事象においても、非科学的な（科学を超越した）性格を有している。ただし、宗教＝非科学（科学を超越）と短絡的に決めつけるのではなく、ハラル制度の規定や運用について、具体的に、その科学性について考えるべきである。

⑵ 禁止食材の理由

まず、ハラル制度の中核をなす禁止物（禁止食材）についてである。禁止食材には、前述（第5章第1節2）のとおり、一般則がない。つまり、禁止する共通の理由がない。ハラムのものを禁止する基本的な理由は、それが不浄であり、害になるものだからとされているが、あまりにも科学性のない理由である。しかし、ハラルの概念が成立する過程においては、何らかの理由があって、禁止食材がリストアップされていったのであろう。主な禁止食材（図表2-3）ごとに、その科学的な理由は、セミナーにおけるマレーシア・ハラル産業振興公社（HDC）の説明などを参考にすれば、以下のとおりであろうと推察できる。

①豚―病原性寄生虫が人間の体内に入る媒介生物になるから。

②アルコール飲料―神経系に害を及ぼし、人間の判断力に影響を与え、社会問題を引き起こし、家族を破壊し、時には人を死に至らしめるから。

③適正処理されなかった動物―死肉を避けるため。（動物を苦しめないため、動物の死を厳粛に受け止めるため（第3章第1節2（5））という倫理的な理由もある。）

④血液―動物の血液には有害な細菌、代謝物、酵素が含まれるから。

⑤鼠、ゴキブリ、ムカデ、サソリ、蛇、狩蜂―病原菌を媒介するため、あるいは、有毒であるため（図表2-3にも記述）。

⑥シラミ、ハエ―図表2-3では嫌悪感を覚えるとされているが、病原菌を媒介するからでもあろう。

⑦犬は、狂犬病の媒介するため。

⑶ 非科学性の理由

禁止食材の禁止の理由は、アルコール飲料を除けば、食品衛生、公衆衛生が主たる理由であったと推察できる。肉食動物、捕食性鳥類、両生類なども、それなりの科学的な禁止理由があったのであろう。ハラルの概念成立過程において、食中毒や伝染病の蔓延があり、その原因がこれらの食材にあることが、経験的に疫学的な考察を繰り返すことにより、わかったのであろう。

しかし、ハラル制度では、禁止の理由が示されないだけでなく、イスラム教徒は、神が禁止したものについて、なぜ不浄なのか害になるのかを、また、どのように不浄なのか害になるのかを問うてはならないとされている（第５章第１節 2）。なぜ、科学的な理由であっても示さないのであろうか。筆者は以下のとおりに考えている。

たとえ科学的であっても禁止の理由を示せば、その理由を形式的にクリアして禁止の行為をすること、その理由が発現する閾値以内の行為をすることにつながるからであろう。人間の愚かさを踏まえてのことであろう。たとえば豚についていえば、過去には病原性寄生虫が問題であったかもしれないが、近代的な畜産技術、食肉処理技術で生産された、安全で衛生的な豚なら利用してもよい、十分に火を通せば安全だから利用してもよいという言い訳（理由の形式的クリア）を許すことになる。アルコール飲料（酔わせるもの―khamr）についていえば、少量なら酔わない、自分は酒に強いので酔わないという言い訳（閾値内の行為）を許すことになる。

このように、ハラルの概念は、概念それ自体が、意識して科学性を否定していると筆者は考える。

2. 倫理的要素

ハラルは宗教的な概念であるため、倫理的な要素が強く出ている。ハラル制度の中にも、倫理面が強調されるが故に、科学的ではない規定や運用が少なくない。そのため、企業は対応に苦慮することになる。いくつかの例を示す。

第１に、既に述べたとおり、鶏肉は、それ自体はハラルであるが、それが盗品であった場合には、その窃盗行為の故に、その鶏肉はハラムとなる（第１章第１節 1）。この判断基準は倫理そのものである。適正に処理されなかった（電気ショックを利用して屠畜した）動物の肉はハラルではないことも、同様に倫理である。電気ショック禁止の理由が、動物を苦しめないこと、動物に死の意味を悟らせることであるからである（第３章第１節２（5））。物の品質や物性に基づく科学的な判断とは異質のものである。

第２に、食品機械の洗浄に、合成アルコールは使用できるが、発酵アルコール（エタノール）を使用できないという規定･運用である（第２章第２節１(2)）。禁じられているのは、酔わせるもの（アルコール「飲料」）であり、アルコール（エタノール）という物質ではない。しかし、古い時代から、飲料用のアルコールが、発酵法で作られてきたため、発酵法エタノール＝アルコール飲料という図式が定着したのである。このため、どのような用途であっても、発酵法アルコールの使用が禁止されるのであろう。同じエタノールという化学物質の扱いが異なる点は、倫理的な判断である。

第３に、ノンアルコール･ビールもハラルではないとの運用（第２章第２節１）も同様に、極めて倫理的なものである。

第４に、前述（第２章第１節 10）のとおり、包装･容器のデザイン、サイン、シンボル、ロゴ、名称、画像は、性的なものを連想させる図画、ビール・ビンなどと紛らわしい形状の容器は認められないことも倫理的な要素である。食品などには、ハム、バクテー（中国起源の豚鍋料理の一種）、ベーコン、ビール、ラムのように、豚やアルコール飲料を連想させる商品名を使用してはならない点も同様である。

そのほか、ハラル認証申請できない企業、申請の対象とならない物やサービスの中にも、強い倫理的な要素が見られる。非ハラルの製品を製造・販売する企業はハラル認証を申請する資格がない。たとえば、ビール会社は、食品を製造していても、その食品のハラル申請をすることができない。ハラムの料理を提供する調理施設、ケイタリング・サービス、豚のメニューを提供する調理場を持つホテルなども、ハラル申請の資格がない。カラオケ店、娯楽店も同様である。ヘアダイ（毛染め）、マニキュアは、物として、ハラル申請の対象外である。これらはマレーシア・ハラル手順書（JAKIM, 2014）に記載されている。

3. 心理的要素

ハラル制度の中には、心理面が強調されるが故に科学的ではない規定や運用が少なくない。企業は、その対応に苦慮することになる。いくつかの例を示す。

第１に、工場の立地点は、養豚場・豚処理施設、下水処理場などの施設からは一定の距離をおくこととされている（第２章第１節８）。臭気や微粉体の遮蔽をしても、ハラルとは認められない。第２に、輸送・保管は、ハラル専用車両・専用倉庫で行うこととされている（第３章第３節３（3））。接触しても混じらないように真空パックにしても、認められないようである。第３に、ハラルの食肉ラインは、適正処理されていない食肉のラインとは、別の施設にすること、少なくとも別の建屋とするとの運用がなされている。

ハラル製品が、不浄な物と同じ空間にあること、不浄な物に近接したことに嫌悪感を覚えるからであろう。イスラム教徒は、豚などハラムの物は汚いと、感覚的に感じている。ここでいう「汚い」は、不浄（Najis）という宗教上の定義というよりは、人が自然にもつ「汚い」という感覚である。宗教的に強制されているからではないし、他のイスラム教徒の批判を恐れているからでもない。幼少期からの生活環境の中で、ハラムの物は汚いと自然に感じるようになっている。したがって、食品等を汚い物から遠ざけるという、ハラル制度の規定・運用は、ごく普通の感覚である。科学的な意味での汚い（不衛生）とは異なる概念である。

第４は、派生品である（第２章第２節２）。ハラムに由来する派生品はすべてハラムであるとされている点も、心理的な要素である。豚が不浄であるとの前提に立てば、解体されただけの豚肉、豚脂も不浄ということは、イスラム教徒でなくても感覚的に理解できる。しかし、酵素のように、単離後に精製されて化学品の形になった物が不浄というのは、科学的には理解しづらい。化学変化を起こさせた化学品については、下に述べるように、さらに理解しづらい。

4. 産業技術との関係

ハラル制度の規定・運用の中には、近代化・高度化された産業技術の実態から乖離し、結果として、非科学的に感じられるものがある。

第１は、原料のハラル要求の連鎖である。企業はハラル製品を製造するために、材料や包装もハラルであることを納入企業に求める。納入企業は、当該材料や包装をハラルとするために、さらにその原料がハラルであることを、その納入企業に求める。原料の納入企業はさらに同様の行動をとる。このようにハラル要求の連鎖はどこまでも続くことになる。イスラム諸国では、ハラルの材料、原料を調達することは難しくないが、非イスラム諸国では、ほとんど材料、原料はハラルではないので、ハラル要求の無限連鎖への対応は難しい。ハラルの概念が成立してきた古い時代においては、動物・植物などを、そのままあるいは少し加工するだけで使用していたので、ハラル要求の連鎖が何重にも続くことはなかった。しかし現代産業では、分業化・専門化が進み、材料・原料の納入関係は複雑化しており、しかも高度の加工が行われるため、ハラル要求の連鎖を追い求めることは困難になっている。

第2は、化学反応である。ハラムの物であっても、化学反応すれば、別の化学物質に変わってしまう。しかし、ハラル制度では、禁止食材は、化学反応させても、派生物として使用できない。たとえば、ラード（豚脂）を加水分解して得られるグリセリン、グリセリンから合成されるジグリセリン、豚皮由来のコラーゲンを加水分解したコラーゲンペプチド、豚毛のたんぱく質を分解して得られるL-システインは使用できない。現代の産業技術では、化学反応により生じた化学品をさらに化学反応させるというプロセスが何度も繰り返される。したがって、ある化学品がハラルの物に由来するかを、判断するのは難しい。古い時代においては、物を加工することはあっても、化学反応させることは、発酵を除けば、ほとんどなかった。しかし、現代では、化学反応が多用されており、ハラル制度とこのような実態との間に乖離に、企業は苦慮する。

第3は、不純物（コンタミネーション）の問題である。企業は、製品や原料中に非ハラルの物（有害物質など）がまったく混入しないに努力する。しかし、技術が進歩すれば、これまで検出限界未満の物が検出されるようになるし、そもそも、化学技術の常識として、100％純粋の化学品は、現実にはあり得ない。つまり、技術が進めば、産業技術の現実とハラル制度の乖離に直面することになる。

第4は、基準値の明示の問題である。ハラルの考え方では、イスラム教徒の宗教的な良心を数値で表現することは適切ではなく、許容基準値を表示することはできない。しかし、企業は、各種規制法に対応する中で、基準値をクリアするという手法に慣れ親しんできたため、苦慮することになる。

第5は、多様な原料の問題である。同じ物資が、その由来により、ハラムとされたり、ハラルとされたりすることである。発酵エタノールと合成エタノールの取り扱いの相違は既に述べた（第6章第1節2）。ゼラチンは、動物の皮や骨の結合組織からとれるコラーゲンを熱などで加水分解処理して製造されるので、豚だけではなく、牛、鶏、魚からも得ることができる。これらのゼラチンはハラルである。ハラル制度は、化学物質の特性を見て判断する制度ではないので、このような扱いの違いは当然であるが、企業は苦慮する。

そのほか、儀礼的洗浄も産業技術との間で乖離がある。儀礼的洗浄は、前述（第5章第1節4）のとおり、宗教行為そのものであるので、与件として受け入れることになる。儀礼的洗浄は、繁殖した食中毒菌等を含む溶液を懸濁液で置換する機能があり、古い時代においては、それなりの科学的合理性があったのであろう。しかし、現代の企業の現場では、懸濁液中の土に由来する微生物、砂粒子のために、食品機械・食器等の衛生管理、保守管理上は好ましくないと感じている。儀礼的洗浄の後、高機能の化学洗剤等で洗浄することにより対応可能であるが、企業は困惑している。

第2節　ハラル制度と技術開発

1. 技術開発の項目

(1)　検出技術

ハラル制度は、本質的に非科学的な性格を有している。しかし、その実務においては科学技術が多用されており、ハラルに関する技術開発も活発に行われている。技術開発テーマは、次のように分類できる。まず、検出・分析関係の技術である。

第1は、製品がハラルの物由来かハラムの物由来かを判断する技術、つまり、ハラムの物を検出する技術である。特に豚由来成分の検出技術である。遺伝子解析を使えば判断は容易であり、その基本技術は確立している。課題は、工場、レストラン等の納入部門で簡便に使える、小型、安価で、精度の高い分析機器の開発である。このような機器は、海外旅行する個人の携帯用にも応用できるであろう。ただし、豚以外の多種多様な禁止食材の成分に使える汎用性のある機器の開発は、かなり困難である。

第2は、派生物の由来を判断する技術である。1段階だけの加工を経た派生物の由来を知ることは容易である。しかし何段階もの加工や反応を経た物の由来を知ることは容易でない。化学品のように、元の動物の形態をまったく残していない物の由来を知ることは、とくに難しい。この技術への需要、とくに簡易機器に対する需要は多いであろう。

第3は、中間投入物の検出技術の開発である。中間投入物は製品には残らないため、その検出はかなり難しい。しかし、何らかの痕跡があれば、検出可能であろう。スープの製造過程で中間投入されたワインのエタノールは蒸発除去されるが、微量の風味成分や芳香成分は残るので、検出は不可能でない。

第4は、食肉が適正屠畜か否かを知る技術である。電気ショックを利用したか否かを、血液中のストレスに起因する成分等から知ることができるかもしれない。この技術に対する需要は大きい。適正屠畜はハラル制度の中で最も重要なルールであるが、食肉の外形からは適正屠畜か否かを判断できないからである。適正屠畜を判別できる高性能の機器が開発されれば、イスラム諸国の税関の食肉検査において重宝されるであろう。

第5は、エタノールが発酵生産物か化学合成物かを判断する簡易機器の開発である。微量の発酵副生物を検出することにより、両者を区別できるかもしれない。また、現場でエタノール濃度を測定する簡易機器に対する需要も高い。

第6に、製品の原料に遺伝子組み換え作物が使用されたかを判断する技術の開発である。

⑵　代替技術・データベース

次に、ハラム製品の代替製品の開発、社会との接点にある技術の開発である。

第７に、製造プロセスの変更に関する技術である。ハラムの原料を使わないプロセスの開発、副生するエタノールの少ない発酵製品製造プロセスの開発などである。

第８は、代替製品の開発である。ハラム動物由来の物と同じ物をハラルの動物から作る技術がその代表である。豚由来の脂肪酸を牛から作る技術がその例である。また、ハラム動物由来の物と同じ物性・機能を持つ物質を作る技術もある。その例として、発酵製品に風味を付与する副生エタノールに替わる添加物の開発、豚由来のゼラチンと同じ機能をもつ物質の探索がある。ゼラチンの物性は、他の物質でも発現できる。たとえば、ゼリー状の食材については、その物性は、寒天、ペクチン、カラギーナンなどでも発現できる。また、ゼラチンのもつ保湿性、起泡性などの物性は、食材本体の持っている物性を改良することによって発現させることも可能である。

そのほかに、豚由来成分から作られている医薬品の代替医薬品の開発に対する期待は高い。食品機械洗浄用の発酵エタノールに代替する生物由来の化学品の開発もある。有毒性のある植物を無毒な品種に改良する技術も代替技術である。また、食品に使用される物質の抽出用発酵アルコールに代替する生物由来の溶剤の探索もある。

第９は、データベースの構築である。含有される動物成分の由来についての、商品別データベースの構築、海外のハラルレストランの評価リストの作成に対する需要は高い。後者については、非イスラム諸国では、明らかにハラルでないレストランが認証を取得している例が少なくないからである。食品等のトレーサビリティ・システムの構築もある。動物成分を含む食品では、屠畜された施設の情報は極めて有益であろう。輸送・保管段階のトレースもできるシステムであれば、より有益である。

2. 技術開発の例

ハラル制度の最先進国マレーシアにおいて、ハラル研究の中心に位置するマレーシア・プトラ大学ハラル製品研究所（Halal Products Research Institute, Universiti Putra Malaysia（UPM））の研究内容を、社会科学的な研究も含めて、図表 6-1 および図表 6-2 に示す。

同研究所は、ハラルに関する技術、政策、経営分野の研究および教育、普及、支援を進めている。研究は、自然科学と社会科学の両面から行われており、前者は主にハラル科学研究所（LAPSAH : Laboratory of Halal Science Research)、後者は主にハラル政策・マネジメント研究所（LPPH: Laboratory of Halal Policy and Management）で行われている。研究内容の中心は、ハラムの物の検出技術、代替ハラル技術、新規の有用なハラル製品の開発である。データベースの構築に関する技術開発は見られない。

検出技術の多くは高度な分析機器と最新の分析手法を用いた研究である。代替技術は、豚由来品に代替する技術が多い。新規のハラル製品では、医薬品や機能性化粧品の開発が多い。とくにマレーシア国内にある熱帯植物から生理活性物質、薬理効果のある物質を探索、単離・精製する研究が印象的である。これらは、既存の有用物質に代替するという考えではなく、ハラルとわかっている現地の植物から新規の医薬品等を開発する研究である。生物多様性条約・名古屋議定書（2010 年採択、2014 年発効）により、遺伝資源は、それが存在する国の主権的権利の対象であるとされた。今や、遺伝資源は、大きな経済的価値を有しており、他国はそれを勝手に持ち出して利用することができない。したがって、熱帯植物由来のハラル医薬品等を開発すれば、欧米中心の医薬品等開発の歴史に一石を投じるだけでなく、イスラム市場を独占できる可能性もある。

図表6-1　マレーシア・プトラ大学 Halal 製品研究所の研究プロジェクト

ハラル科学研究所 Laboratory of Halal Science Research (LAPSAH)
植物ベース・カプセルの開発―プロバイオティクの標的送達用として
トウモロコシ絹糸（ひげ）の生理活性―ハラルの機能性化粧品用として
バター中の混入豚脂のチェックと検出―ハラル確認用の各種器具を用いて
高品質のハラルサービス器具の開発と検証―マレーシアの食品サービス施設用として
牛乳・水用のハラル対応保存・包装技術の開発―三角錐の強度を利用して
6S r-RNA 標的プローブの開発―食肉代替物の高感度検出・高速定量用として
カカリカ・パパイヤ（Cacarica papaya）の葉から抽出した抗菌物質の特性把握と安定化―食品保蔵用として
ココナツ・ミルク副産物由来の食物繊維の潜在的な機能
熱安定性血液たんぱく質に対するポリクロナール抗体の開発―ELISA 法による魚由来製品中での検出用として
豚コラーゲンの検出法の開発―豚コラーゲンにタンパク質を結合する特別な方法による、緑色蛍光タンパク質 IFC 法
保管中の発酵食品のエタノール生産物の、電子嗅覚システムによる測定
ヤシおよび大豆の油脂混合体の開発―クッキー中の豚脂代替物として
エンカバン・キャノーラ（Engkabang-Canola）油脂混合物の開発―肉製品中の豚脂代替物として
着色化粧品中の有毒金属の測定技術の開発
地域穀物の樹液シロップのアルコール特性のプロファイリング
ハラル政策・マネジメント研究所 Laboratory of Halal Policy and Management (LPPH)
マレーシアのハラル産業におけるゼラチンの利用に関する研究
マレーシアにおける、ハーブおよびハーブ製品のサプライチェーンのハラル化の可能性調査
酵素によるピタヤ（Pitaya―ドラゴンフルーツ）油脂のエステル化の最適化と特性―機能性化粧品に応用するため
コシバ（Dicranopteris linearis―シダ植物）の抗がん機能の作用機序の決定
水系二相分配法（ATPS）による、魚の副産物由来のたんぱく質の精製
QTOF 型液体クロマトグラフィーを利用したペプチドミックス法の最適化―豚の熱安定性ペプチド・バイオマーカーの開発のため
マレーシアにおけるハラル製品に対するイスラム教徒の意識、認識、態度

出典：Halal Products Research Institute における筆者によるヒアリング（2018年3月）および UPM 資料・HP から筆者作成。

図表 6-2　マレーシア・プトラ大学 Halal 製品研究所の研究成果（論文）

ハラル科学研究所 Laboratory of Halal Science Research（LAPSAH）
画期的な、環境型・持続可能型食品包装・保蔵および水処理技術
NADH デヒドロゲナーゼ・サブユニット 4 を利用して、食肉の由来を特定するための共通プライマーのマルチプル PCR 分析の高感度性および効率性
食品、非食品中のゼラチンの抽出法
フーリエ変換赤外分光全反射（FTIR-ATR）光度計による代謝物のフィンガープリント―豚脂の混合したバターの直接測定法として
急速・高速液体クロマトグラフによる食肉のハラルの確認
ケモメトリック（計量化学）と結合したフーリエ変換赤外分光（FTIR）光度計―コーンオイルと混合した胡麻油の分析用として
市販のブディ（Budu―マレーシアの魚醤）中の揮発成分の、ガスクロマトグラフィー・質量分析法による試験的同定
マレーシアで栽培されるアボガド品種の油脂の、ハラル油脂としての評価
ミートボール中の豚混入物を視覚的に検出するための、金ナノ粒子センサー
バンバンガン（Mangifera pajang―マンゴの一種）の繊維パルプ由来のポリサッカライドの精製と組成分析―その健康増進効果に着目して
蛍光ラベル化加水分解プローブ―生鮮・高度加工肉製品中の豚成分検出用として
揚げる前のチッキン・ナゲット中の豚脂の簡易検出法
示差走査熱量計を活用した、バージン・ココナツオイル中の混入豚脂の検出
牛と豚の皮膚ゼラチンの化学特性の比較
ニゲラ・サティバ種子（Nigella sativa）オイルの確認―ケモメトリック（計量化学）と結合したフーリエ変換赤外分光（FTIR）光度計を応用して
豚脂の特性の特定―ひまわり油脂中の豚脂検出のため
ハラル政策・マネジメント研究所 Laboratory of Halal Policy and Management（LPPH）
動物の骨のセラミック・ベース製品におけるイスティハラの概念の応用

出典：Halal Products Research Institute における筆者によるヒアリング（2018 年 3 月）および UPM 資料・HP から筆者作成。

第7章
ハラル制度の法的側面

第1節　ハラル制度の法形式

1. 法形式と法的性格

⑴　法形式

ハラル制度は、前述（第5章、第6章）のとおり、西欧近代科学の視点からは、科学ではなく、宗教そのものである。ほとんどのイスラム諸国は、国ベースで統一されたハラル制度を有していないし、制度を有していても成文化していない。しかし、ハラル制度を有する数少ないイスラム諸国においては、ハラル制度の法源（第1章第2節2）は、法令および法令に基づく規格であり、ハラル制度は、見かけ上は法令の形をしている。このため、ハラル制度を一般の法令と同様に理解し、行動する実務家もいる。このことが、既に多くのトラブル（第4章）を引き起こしており、将来の深刻な社会問題の原因になると、筆者は考えている。

⑵　法形式の実態

ハラル制度の本体は、ハラルの要件を記載した規格である。一般的には、規格は、それだけで独立して存在するのではなく、根拠となる法令に基づいて制定される。たとえば、日本では、JIS（日本工業規格）は工業標準化法（注—2019年7月から、日本産業規格、産業標準化法に名称変更）に基づいて、JAS（日本農林規格）は日本農林規格等に関する法律に基づいて制定される。一国内で統一されたハラル制度を有するいくつかの国について、ハラル制度の根拠となる法令の名称および同法令を担当する政府機関を、図表7-1に示す。

マレーシアでは、ハラル規格は、マレーシア標準法（Standard of Malaysia Act 1996）に基づくマレーシア規格（MS:Malaysia Standard）として制定されている。JIS（日本工業規格）と同様の国家規格である。規格制定時には、国際通報を行い、パブリックコメントを求める等の手続きを行っており、国際的に通用する国家規格の体裁を整えている。

インドネシアのハラル規格は、食品・医薬品・化粧品検査所—ウラマー評議会（LPPOM-MUI）により制定されるHAS（Halal Assurance System）として告示されている。標準化・適正評価法（Law No. 20 of 2014 on Standardization and Conformity Assessment）に基づくインドネシアの国家規格（SNI: Standar Nasional Indonesia）とは別の体系になっている。しかし、後述（第7章第1節5）のとおり、2014年制定のハラル製品保証法（Halal Products Assurance Law）が、ハラル制度の基本法としての位置づけになっている。同法Article 6は、ハラル製品保証実施機関（BPJPH）を、ハラル規格を策定する機関としている。同法は、ハラル規格そのものの根拠法とはなっていないが、規格を作成する機関設立の根拠法として、間接的にハラル規格の根拠法となっている。

アラブ首長国連邦でも、国家規格の作成機関が、ハラル規格を国家規格の形で、定めている。なお、同国では政令（Cabinet Resolution No.（10/2014）UAE Regulations for Control on Halal Products）で、ハラル制度の基本骨格について定めている。

非イスラム諸国の中では、フィリピンはハラル規格を、標準法（Standards Law Republic Act 4109）に基づく、フィリピン国家規格（PNS: Philippine National Standard）で規定している。ハラル規格の名称は、PNS 2067-2008:

Halal Food – General Guidelines である。タイでは、農業標準法（Agricultural Standars Act B.E.）に基づくタイ農業規格（Thai Agricultural Standard）として、ハラル規格を定めている。

シンガポールでは、ハラル規格は宗教機関であるシンガポール・イスラム教会議（MUIS）の定める規格であり、食品規格委員会（Food Standards Committee）、シンガポール規格評議会（Singapole Standards Council）の定める国家規格（SS: Singapore Standards）とは別の体系を採っている。ただし、MUIS そのものは、イスラム教徒行政法（Administration of Muslim Law Act ）に基づき設立されている。シンガポールのハラル規格も、インドネシアと同様に、間接的に法令に根拠を置いている。

なお、オーストラリアは、国内にイスラム教の認証団体が数多く存在するが、後述（第８章第２節４）のとおり、輸出用食肉に限り政府管掌のハラル制度を有している。ハラル規格は、輸出食肉規則（Export Control（Meat and Meat Products）Orders 2005）に根拠を有している。

このように、一国内で統一されたハラル制度を有する国のハラル規格は、何らかの形で法令に根拠を置いている。また、ハラル規格は、工業規格や農業規格のような国家規格と同様に、条項（箇条）から成る形式を採っている。

⑶　法形式の背景

なぜ、宗教の制度であるハラル規格は、外形上一般法令（世俗法）に根拠を置くのであろうか。ハラル制度の実質は宗教そのものであるのに、なぜ、その内容を法令と関係づけて書くのであろうか。理由は２つあると筆者は考えている。

第１は、実務的な理由である。食品のハラルの内容を整理して、初めてわかりやすく成文化したのは、前述（第５章第２節３）のとおり、CODEX ガイドラインである。このガイドラインは、国際規格として、誰が読んでもわかるように、一般の規格と同様に条項（箇条）形式で書かれた。その後に制定されたマレーシアの食品のハラル規格（MS1500）も、CODEX に倣って、マレー

図表 7-1　ハラル規格の根拠法

国名		名称
インドネシア	法律	ハラル製品保証法—Law on Halal Product Guarantee 2014
	機関	宗教省—Ministry of Religious Affairs
マレーシア	法律	マレーシア標準法—Standards of Malaysia Act 1996（Act 549）
	機関	マレーシア標準部—Department of Standards Malaysia
アラブ首長国連邦	法律	アラブ首長国連邦標準および度量衡庁設立法—Federal Law No.（28）of 2001 for Establishing the Emirates Authority for Standardization & Metrology（ESMA）
	機関	アラブ首長国連邦標準および度量衡庁—Emirates Authority for Standardization & Metrology
フィリピン	法律	標準法—Standards Law（Republic Act 4109）
	機関	通商産業省製品標準局—Department of Trade and Industries, Bureau of Product Standards（DTI-BPS）
タイ	法律	農業標準法—Agricultural Standars Act B.E. 2551（2008）
	機関	農業および協同組合省・農業産品および食品標準局—National Bureau of Agricultureal Commodity and Food Standards, Ministry of Agriculture and Cooperatives
シンガポール	法律	（イスラム教徒行政法—Administration of Muslim Law Act）
	機関	*
オーストラリア	法律	輸出管理法—Export Control Act 1982 輸出食肉規則—Export Control（Meat and Meat Products）Orders 2005
	機関	農業・漁業・林業省・検疫及び監視業務局—Australian Quarantine and Inspection Service, Department of Agriculture, Fisheries and Forestry

注：法律とは、ハラル規格の根拠となる法律である。機関とは、法律を担当する政府機関であり、ハラル制度の担当機関ではない。
出典：各国政府機関 HP を参考にして、筆者作成。

シア標準に基づき、工業規格として法条項（箇条）形式で記載された。ハラル規格は、イスラム社会の中だけで使用するものではなく、非イスラム教徒にも使用されるので、誰もがアクセスできるように、誰が読んでもわかるように書かれたのである。そもそもハラルの制度化は、後述（第８章第１節２）のとおり、異教徒に接する場で、異教徒にも読ませるために文章化されたのである。

第２は、イスラム教の政教一致の考え方である。イスラム教では、宗教の内容を、法令に書くのは、ごく普通のことである。宗教の内容を法令に書くべきではない、つまり、宗教（精神社会）と法令（実社会）を対置させる、政教分離の考え方は、近代西欧的な思想である。イスラム教は精神世界だけのものではなく、実社会のルールについてもカバーしているのである。黒田（2016）は、イスラム教について「他のほとんどの宗教が関心を示していない世俗的な事柄、つまり実定法的な問題についても細かな規定を設けているのである」「（キリスト教、仏教のような）多くの宗教は、（イスラム教と異なり）一般の平信徒の日常行動を律するための、それ自身の法体系は備えてない」と述べている（カッコ内は筆者〔並河〕の注記である）。つまり、イスラム社会では、法令は宗教の一部である。ハラルの要件が、法令や法令に基づく規格に書かれていても、それが西欧的な（キリスト教的な）意味での法令であると考えることはできない。つまり、ハラルの内容が、法令の中に書かれても、法令に関係づけて書かれても、法令の形式で書かれても、それは依然として宗教にとどまるのである。

2. 非体系性

(1)　非体系の実態

ハラル規格は、通観するだけでは全体像を把握しづらい。その原因は、各ハラル規格は、条項数が少なすぎて内容が薄いこと、多数の他の法令や他のハラル規格を援用・引用（以下、「援用」）しており体系性に欠けることにある。条項の少なさと他法令等の援用は、裏表の関係でもある。各ハラル規格は、他の法令等と実質的に同じ内容を含むので、それらを援用しており、その結果、条項が少なくなるのである。つまり、各ハラル規格には、それほど書くことがないのである。もう1つの原因は、同じ内容がいくつかの規格に分散・重複していることである。

一般の行政法令は、法律（Law, Act）・政令（Cabinet Order）・省令／規則（Order, Ordinance）・告示／通知（Notice, Notification）というツリー状になっている。法律ごとにツリーが完結しており、下へ行くほど規定が詳細になる。このため、体系性がある。また、相互の引用箇所は条項を明示しているので、法令の全体像を把握しやすくなっている。

ハラル規格の非体系性を、マレーシアの規格を例にとって、類型別にいくつか示す。

第1に、多数の法令の援用である。たとえば、マレーシアの食品のハラル規格（MS1500）は、同国のハラル規格の事実上の基本法として、ほとんどのハラル規格で援用されているが、この規格自体が多くの他法令を援用している。規格の法源・体系を図表1-2（第1章第2節2）に示した。その中で、手続き関係の通達類は、MS1500の法体系の下部に位置することが明らかであるが、食品衛生、品質管理、表示関係の法令等の位置づけがはっきりしない。同規格中のどの条項において、他法令のどの条項を援用するかが記述されていないからである。また、マレーシアの包装のハラル規格（MS2565）は、前述（第3章第2節3）のとおり、9本の他法令（法律1本、規則2本、告示1本、MS規格5本）を一体不可分と明記している。しかし、これら法令の同規格中における位置づけが明らかでない。その他のハラル規格も、同様に、多くの法令等を援用しているが、その位置づけが分からない。

第2に、複数のハラル規格に、ほぼ同じ内容が重複記載されている。たとえば、輸送、保管、小売りの3つのハラル規格（MS2400-1, 2, 3）では、要件（Req-irement）の中の管理（Management）の内容（第3章第3節3）は、ほぼ同じである。医薬品（MS2424）、水処理用化学品（MS2594）、包装（MS2565）の各規格における管理に関する内容もほぼ同じである。なお、当然ではあるが、シャリア法に関する事項（Najisの定義等）が、多くの規格に記載されているが、内容は全く同じである。

第3に、複数のハラル規格に、同じ項目が分散していることである。第2との違いは、同じ項目が、異なる文章で書かれている点である。マレーシアでは、ハラル包装に関することは、図表3-3（第3章第2節3）に示したように、包装のハラル規格（MS2565）だけでなく、食品（MS1500）、化粧品・パーソナルケア（MS2200-1）、獣骨皮毛（MS2200-2）、小売り経営（MS2401-3）、医薬品（MS2424）、水処理用化学品（MS2594）の各ハラル規格にも、条項を設けて記載されている。また、輸送や倉庫のハラル規格（MS2401-1, 2）にも、包装に関する記述は多く見られる。しかし、これら個別品目のハラル規格には、ハラル包装の基本規格であるMS2565を援用する旨の記載がない。

原料のハラル、ハラムの物との隔離、輸送中のハラル、経営管理の各項目も、同様に、複数のハラル規格に分散記載されている。

⑵　非体系の背景

なぜ、ハラル規格は、このように体系性がなく、全体像を把握しづらいのであろうか。２つの理由があると筆者は考えている。

第１に、規格制定の経緯である。１つは、ハラル規格の制定と法令の制定の前後関係である。たとえば、ハラルであるための重要な要件であるトイバン（Thoyyiban）は、前述（第２章第１節６）のとおり、食品衛生法令と重複する。ハラルの概念が今のような形で制定されたのは2000年以降であるが、その時点では食品衛生法令、適正製造基準（GMP）法令などは既に制定されていたため、トイバンの内容は既存の法令を援用する形をとったのである。

もう１つは、複数のハラル規格制定の前後関係である。ハラル規格には、食品、医薬品など個別の製品を対象とした規格と、包装、輸送、品質管理のようにすべての製品を横断的にカバーする規格がある。個別製品のハラル規格が制定された後に、製品横断の規格が制定されると、前者の規格の中で簡潔に書かれたことが、後者の規格では詳しく書かれる。そのまま両者が残ると、複数のハラル規格に同じ項目が分散することになる。包装については、まず、食品のハラル規格（MS1500）に包装の要件が簡潔に記載された。引き続き2008年に化粧品、獣骨皮毛、2010年に小売り、2012年に医薬品のハラル規格が制定され、各規格の中に、ハラル包装の要件が簡単に規定された（ただし、各ハラル規格の包装に関する規定の文言は統一されていない）。その後2014年に、製品横断の包装のハラル規格（MS2565）が制定されて、現在の体系になった。包装のハラル規格が先に制定されておれば、個別製品のハラル規格は、包装のハラル規格（MS2565）を援用する形になったであろう。

体系性に欠ける第２の理由は、宗教と法令の性格の違いである。前述のとおり（第７章第１節１⑶）、イスラム教は、他宗教と異なり、人々の日々の生活を律する機能を有してきた。ハラルの概念は、まさにそれである。しかし、ハラルの概念は、たくさんの文字を駆使して、正確に定義されてきたのではなく、イスラム社会の共通認識（常識）を基礎に心の中で理解されてきた。そのようなハラルの概念を、現代の法令の中で正確に表現しようとすることは容易ではない。とくに食品衛生や経営管理に関することをハラル制度独自の形で表現することは難しい。ハラルの概念と既存の法令の内容に大きな矛盾がないので、ハラル規格が既存法令を援用・引用することになったのである。他方、宗教性の強い狭義のハラルについては,既存の法令がないので､表現が簡潔になってしまうのである。

このように、ハラル制度の体系性のなさは、長い間宗教としてイスラム教徒の世界で共有されてきたことを、最近になって急に、文章化したからである。

3. 不明確性

ハラル規格は、法的な視点から見ると、概念の定義やハラルの要件があいまいである。各ハラル規格には、用語の定義の条項が置かれているが、企業実務で対応できるような表現になっていない。たとえば、アルコール飲料の禁止については、前述（第２章第２節１）したが、その許容濃度、濃度測定法、自然発酵での副生が許される条件が不明瞭である。ハラムの物からの隔離の定義も不明瞭である。専用の意味（ラインか、建屋か、工場か）も明瞭に書かれていない。そのほかにも、禁止食材における有害・有毒等の定義、化学反応の効果、原料ハラルの遡上など、あいまいなことを挙げればきりはない。明確でないことは、前述（第５章第２節３）（第６章第１節１（3））のとおり、人々に基準を形式的にクリアすればよいと考えさせないという効果がある。

不明確性も、イスラム教徒の共通認識（常識）を基礎に心の中で理解されてきたハラルの概念を、現代の工業技術をベースとする法令に書くことから生じている。

この不明確さは、ハラル制度を規制と考えることにより増幅して感じられる。「規制」とは、ハラル制度についていえば、実施すべきことや遵守すべきことを具体的に規定し、守るべきハラルの要件や最低基準を定めて、それを企業等に守らせる方式である。これに対置される方式は「準則」型である。企業にハラル運営のひな形を示したり、注意・配慮する事項だけを示して、企業が自らの意思と責任で食品事業をハラル制度に合わせる方式である。ハラルの概念は、宗教的な義務として、自らが積極的に守っていく性格のものである。ハラル制度を規制と考えて、クリアすべき要件や基準の明確化を求めると、ハラル制度のもつ不明確さを強く感じることになる。

マレーシアのハラル制度は規制型、インドネシアのハラル制度は準則型である。マレーシアでは、個別ハラル規格ごとにハラルの要件を定めている。インドネシアの制度は、企業が、管理・現場・部門ごとに作成すべきハラル関係書式およびそのひな形を示し、企業自身の管理を通じてハラルを確保すべきとの考え方である。また、ひな形の中で、事例に対するウラマー評議会（MUI）の見解を引用して解説しており、企業自身が、これを参考にハラル対応を進めていくことを求めている。ただし、マレーシアにおいても、最近制定されたハラル規格（医薬品、包装、輸送、倉庫、小売りなど）では、企業の管理運営に関する事項を詳細に定めている。とくに、輸送・倉庫・小売りでは、規格の名称を輸送の管理システム（Management System）としている。マレーシアのハラル制度も、準則型にシフトしつつあるように思われる。ハラル制度を準則型としてとらえれば、制度の不明確さはあって当然と感じられるであろう。準則型の下では、企業の責任でハラル対応を進めていくことになるので、むしろ対策の自由度が増えたと感じられるであろう。

4. 法令上の上下関係

ハラル制度と国の法令が矛盾する場合には、どちらが優先するのであろうか。

ハラル制度は、イスラム教のハラルという概念を制度化したものであり、法令の形で書かれていても、第５章で説明したとおり宗教の制度である。

イスラム教を国教とする国では、イスラム法と世俗法（一般法）が併存する。イスラム教は、精神世界にとどまらず、イスラム社会の在り方も律しているからである。「イスラム法が基本法（憲法）、世俗法が法律」と例えられるように、イスラム法が上位にある。イスラム法は神により定められた、人間の生き方についての絶対的なルールであるが、世俗法は現世にいる人間により定められたものにすぎないからである。したがって、ハラル制度の内容が、国の法令により修正されることはない。かりに両者が一致していない場合は、原則としてハラル制度が優先されることになる。ただし、国の法令の中で、ハラル制度が引用されると、それは法令としても機能することとなる。なお、イスラム諸国であっても、イスラム法がほとんど機能していない国もある。

日本などの非イスラム諸国では、ハラル制度は宗教団体の定めたルールであり、それが国の法令に優先することはない。つまり、ハラル制度は一種の民間の制度・規格となる。ただし、ハラル制度に基づき認証を申請した企業は、民事契約により、同制度の制約を受けることになる。

5. インドネシア・ハラル製品保証法

⑴　法律の動向

インドネシアでは、2014年10月にハラル製品保証法（Law on Halal Product Guarantee）が公布された。同法は、未施行であるが、3つの重要なことを規定しており、インドネシアのハラル制度の基本法的な性格を有するようになるかもしれない。

第1は、ハラル認証の義務化である。同国内において輸入・流通・取引される物品・サービスはハラル認証を得る義務があると規定されている（同法Article 4)。この義務化は、公布後2年以内（2016年）に実施細則などを定めた後、公布5年後（2019年）の法律施行により実施される（同法Article 67（1))。当初、食品・飲料類は2019年から3年後（2022年）までに、その他の物品類は同5年後（2024年）までに義務化がなされるとされていた。

他方、同法 Article 26 には、ハラムの材料を用いた製品はハラル認証の申請ができない、そのような製品はハラルでない旨の情報を表示しなければならないと規定されている。つまり、ハラル認証を得ていないものの存在を認めており、すべての製品の義務化とは矛盾する内容である。

2018 年時点で、実施細則は出されておらず、運用方針の全体像が見えない。

第２に、認証対象品目の拡大である。同法には、食品、飲料、医薬品、化粧品、化学品、生物製品、遺伝子工学製品に関する物品およびサービスが、ハラル制度の対象となる旨記載されている（同法 Article 1）。

第３は、ハラル認証実務機関の設置である。同法には、ハラル認証の実務を担う機関としてハラル製品保証実施機関（BPJPH）を設立すると規定されており（Article 1）、同機関は、すでに設立されている。BPJPH の業務は、ハラル保証の規格、基準・規格、手続きの制定、ハラル認証の発行、海外製品のハラル認証およびハラル教育・普及・研修などとなっている（Article 6）。ただし、製品がハラルであるかの判断は、ファトワ機関（MUI）が行うこととされている（Article 10（2））。

⑵　法律の理解

この法律には、ハラル制度の法的な性格に関する懸念、実務上の懸念があり、日本だけでなく欧米の非イスラム諸国も強い関心を有している。

一番大きな問題は、民間（宗教機関）制度であったハラル制度が、一般法（世俗法）の中の制度になる可能性がある点である。既述（第５章第２節 2）のとおり、認証の発行は BPJPH で行われるが、ハラルの判断は MUI で行われるので、宗教の制度であることに変わりはないと筆者は解している。つまり、この法律によりハラル制度の本質は変わらない。

もう１つの大きな問題は、ハラル認証の義務化により、任意規格というハラル制度の本質が失われる可能性がある点である。この点について、筆者は、義務化の規定（同法 Article 4）は、総則（Part 1 General Provision）の中に位置しており、一種の宣言的な規定であり、実質的には、非ハラルの表示義務の規定（Article 26）が優先する、と解している。つまり、ハラル認証の義務化は、実務上は実施されないであろうということである。具体的には、すべてのものは実質的にハラルを確保すべきとの原則の下で、ハラルでないものは、その旨明記すべきという運用がなされるということである。端的に言えば、中東のイスラム諸国と同様に、ハラルでないものはハラルでないと表示するだけのことである。ほとんどのイスラム諸国では、ハラル制度はなく、社会的な現実として、何も注記されていないものはハラルであり、ごく一部のハラルでないものにはハラルでない旨の注記がなされている。

すべての製品の義務化は実施されないと考える理由はいくつかある。まず、インドネシアでは、市場規模の大きさ故に商品の種類が多いにもかかわらず、ハラル認証製品の比率が小さいことから、義務化を実行することは物理的に難しい。また、すべてのもののハラル認証を処理する実務能力はないこと、法律公布後4年以上たっても、義務化の実施方法の全体像が見えないことからも、インドネシア政府がハラル認証の義務化を文字どおりに実施する意図がないことがうかがえる。JETRO（2018b）も、新認証発行機関BPJPHの担当者から、このような趣旨のコメントを得ている。

ただし、インドネシアでは、すべての食品について事前に国家食品・医薬品監督庁（BPOM）に申請し、登録番号の取得を義務付ける制度（国産品はMD—Makana Dalam Negeri制度、輸入品はML—Makanan Luar Negeri制度）（保健大臣規定No.382/MEN.KES/PER/VI/1989）が機能しているので、この運用経験を生かして、実査される可能性はある。このような制度とリンクさせる形で運用されるかもしれない。

第3の懸念は、任意規格であれば、ハラル制度違反のペナルティは厳しくても認証の取り消しであったが、法律による規制となれば、政府・警察の加入、罰則の適用を受ける可能性があるという点である。ただし、現在でも表示法違反という形で、罰則の対象になる。

第4の懸念は、法律上の規制となれば、輸入品の通関時に、ハラル証明を求められる可能性があるという点である。ハラル認証の国際的な互換性がないので、極めて複雑な手続きが必要となる。
　今後の法律の運用に注目していきたい。

第2節　ハラル制度の法的な性格

1. 任意性

⑴　ハラル制度の任意性

　ほぼすべてのイスラム諸国において、ハラル制度は任意制度である。任意とは、ハラル認証を取得するか否かは任意であるという意味である。つまり、ハラル認証を取得することを法令により強制されない（後述（第8章第2節2）のとおり、食肉・肉製品のハラルの証明については強制である）。ただし、いったんハラル認証を取得すると、後述（第7章第2節2）のとおり、制度上の各種の義務が課せられる。

　任意制度とは、具体的には、その国のハラル認証を得ていない物を、輸入（通関）・製造・陳列・販売することができる、ハラル認証を得ていないサービス事業（ホテル、レストランなど）を行うことができる、という意味である。現実に、ハラル制度のあるイスラム諸国においても、小売市場おけるハラル認証マークを貼付した製品の比率は高くない。筆者の市場調査（都市部の一般スーパーマーケット）によれば、ハラル認証製品比率は、（感覚的な数値であるが）クアラルンプールで60～70％、ジャカルタで20～30％であり、アラブ首長国連邦では、加工肉を除けば、ほぼゼロである。ほとんどのイスラム諸国では、ハラル制度がないので、市場にハラル認証製品は流通していない。非イスラム諸国では、当然、ほぼゼロである。シンガポール（イスラム教徒比率は15％程度）でも1％未満である。シンガポールは、多民族国家であり、多種多様な宗教を信ずる人々が共存する国際都市あるため、ハラル制度は文字どおり任意規格として機能している。

ハラル認証の任意性には、いくつか例外がある。第1は、ハラル制度が法令の中で引用されて、ハラル認証が必須となるケースである。たとえば食肉・肉製品の通関のためにはハラル認証（政府の証明）が必須である（第8章第2節2)。第2は、ハラル認証が、公的機関（軍、病院、学校など）への物品の納入基準となっているケースである。第3は、インドネシアでは、前述（第7章第1節5）のとおり、ハラル製品保証法が、食品等すべての物にハラル認証マークを添付することと規定している（具体的な内容は未確定)。

ハラル認証のない物を、店舗が置いてくれるか、消費者が購入してくれるかは、別問題である。また、法令や他の強制制度により、輸入・製造・販売の制限がある場合は、ハラル認証を取っていても、その制限を受ける。

⑵　ハラルの任意性

多くのイスラム諸国において、ハラルであることも原則として任意である(サウジアラビアなど一部の国を除く)。任意とは、ハラルであることを法令により強制されない、つまりハラルでない製品も輸入（通関)・製造・陳列・販売することができるという意味である。ただし、市場に出す態様は、国により異なる。ハラル制度を有するイスラム諸国のうちマレーシアでは、Non ハラルの売り場で豚由来製品、アルコール飲料、その他ハラルでない製品を販売している。写真 7-1 に、マレーシア・クアラルンプールの Jusco スーパーマーケットの Non ハラルコーナーの入り口と、陳列されている製品の写真を示す。日本製のレトルトカレーやポテトチップなどの菓子類（撮影当時はハラルではなかった製品)、梅酒などが陳列されている。インドネシアでは、豚由来製品売り場は別にするが、アルコール飲料は一般の売り場で販売している（写真 7-2)。アラブ首長国連邦では、豚由来製品売り場は別にしており、アルコール飲料の一般市場における販売が規制されている。写真 7-3 にドバイの豚由来品売り場を示す。

イスラム諸国の市場開拓の過程で、流通業者から、食品がハラルであること

写真7-1　Non-ハラル製品売り場

注：（上）クアラルンプールのJuscoのNon-ハラル製品売り場入口。現在は、違う場所に移動している。
（下）陳列されているNon-ハラル製品。
2009年3月、Jusco店舗の許可を得て筆者撮影。

を求められるが、これは政府の規制ではない。イスラム教徒が圧倒的多数を占める市場では、ハラルでないものは売れないと考えられるからである。日本のような非イスラム諸国の食品企業の製品には非ハラルの物が含有されているとの前提で見られる。この場合は、厳格な審査をしているとの評価のあるマレーシアなどのハラル認証を取得していると、スムーズに交渉が進む。

写真 7-2 ジャカルタ市内スーパーマーケットの豚肉売り場

注：2010 年 12 月、筆者撮影。

2. 義務、強制のツール

⑴ 義務

ハラル制度は任意の制度であるが、ハラル認証を取得すれば、制度上の義務を課せられる。義務の内容は、実態上の義務と手続き上の義務に大別される。

実態上の義務とは、ハラル認証の要件の順守である。要件とされている事項の一部でも変更する場合には、届け出る必要がある。技術的な事項では、原料（添加物を含む）の変更、製造プロセスの変更、製造機械の変更、原料の調達先の変更、運送業者の変更、倉庫の変更、施設の場所の変更がある。必要に応じ、認証時と同様の現地調査を受けることとなる。事務的な事項では、製品名の変更、施設管理者の変更、ハラル・マネジャーの変更、イスラム教徒数の変更がある。製造ラインの新設は、同じ工場・施設内であっても、新規の認証申請となる。ハラル認証は、個別製品（商品）の個別ラインごとに付与されるからである。

写真 7-3 ドバイ市内スーパーマーケットの豚肉売り場

注：2019 年 1 月、筆者撮影。

手続き上の義務とは、検査の受忍義務、ハラル認証マークの使用ルールの順守がある。検査（第 2 章第 3 節 5）は、年 1 回の定期検査だけでなく、通報検査、強制検査、継続検査のように、不定期の検査も受忍する必要がある。一般的に、定期検査以外は、関係官庁の担当官が同行するが、その受忍義務もある。認証マーク（第 2 章第 3 節 4）については、常時掲示すること、貸与等の不正使用をしないこと、認証証の記載内容の変更を報告することなどの義務がある。

⑵　強制のツール・罰則

ハラル制度の義務違反に対しては、処分がなされる。前述（第 2 章第 3 節 5）のとおり、軽微な違反に対しては期間を定めた修正警告ないしハラル認証の停止処分、重要な違反に対しては認証の停止処分、重大な違反に対しては認証の取り消し処分がなされる。ハラル制度の違反に対する最大のペナルティは、認証の取り消しである。ただし、製品の回収が命じられることもある。原則として、政府（一般法）による刑事罰を受けることはないが、宗教冒涜になる場合はこの限りではない。

現実には、最大の強制ツールは、宗教的・社会的な圧力である。マレーシア・チョコレート事案（第4章第1節2）で見たように、ハラル制度違反に対するイスラム社会の指弾は極めて厳しい。マスコミを通じての非難、不買運動、民事訴訟（損害賠償請求）が行われる。インドネシア味の素事案（第4章第1節1）では、表示と内容の不一致という形式違反にもかかわらず、現地法人の日本人社長が拘束されたのは、ハラルに対するイスラム社会の厳しい世論を背景にしているからである。

繰り返しであるが、ハラルは宗教上の概念である。ハラムの物を食べるなというのは、神の命令であり、イスラム教徒の義務である。そのような義務を果たそうとするイスラム教徒に、ハラムの物を食べさせることは、イスラム教に対する冒涜ととられる。普段は寛容なイスラム教徒も、宗教に対する冒涜には激しい反応を示す。インドネシアでは、ジャカルタ特別州知事のバスキ・チャハヤ・プルナマ（Basuki Tjahaja Purnama）氏（キリスト教徒）が、2016年9月に行った演説で、コーランの一節に触れた発言が、宗教冒涜とされて、大規模な抗議デモが発生した。その後、同氏は、逮捕・起訴されて、2017年5月に禁固2年の有罪判決（刑法の宗教冒涜罪）を受けたことも、その一例である。

3. 責任

⑴　責任の原則

一般の法令では、原則として、故意も過失もない行為については、民事上、刑事上の責任を問われることはない。行政法規上も、基本的には同様であるが、その他の法益のために（たとえば、消費者保護、公衆衛生の維持等の観点から）、故意過失が不明確な段階から、対応（製品回収等）を求められることがある。

しかしハラル制度では、故意・過失がなくても法的責任を負うことがある、つまり、結果責任を負うことがある。たとえば、ハラルでない原料を使用して製造した製品に認証マークを貼付した場合は、製造企業はハラル制度上の責任を負う。原料がハラルでないことを知らずに、購入した場合でも責任を問われる。しかも、その知らないことに故意も過失もなくても、製造企業は責任を問われることがある。企業が製品のハラル認証を取得した時点では、原料はハラルであったが、原料納入企業が、当該製造企業に通知せずに、製造方法を変更したケースが、それに該当する。このようなことは、かなり頻繁に起こりうる。そして、その責任とは別に、故意過失が不明確な段階から、対応（製品回収等）を求められる。

なお、製造企業の責任が問われるからと言って、原料納入企業が免責されるわけではない。原料納入企業は、納入品がハラルでない場合は、その責任を負う。原料納入企業は、当該原料の原料に原因があった場合でも、結果責任を負う。

インドネシア味の素事案（第４章第１節１）は、まさに原料を原因とするトラブルのケースであった。インドネシア味の素社は、グルタミン酸発酵用の微生物の保存培地の栄養素として、外部から購入したハラルでないたんぱく質分解物を使用していたが、それがハラルでないことを知らなかった。同社は、その知らなかったことに、故意も過失もなかったが、ハラル制度に基づき製品回収を命じられ、ハラルでない製品にハラル認証マークを貼付していたとして、一般法である食品表示関連法令の違反で刑事上の責任も追及された。（注―本件は、政治的な配慮もあり、拘束された日本人社長は釈放されたが、法的な決着はあいまいなままである。）

ハラル制度で結果責任が求められるのは、イスラム教徒にハラルでない製品を提供して、神の前でどう説明するのかという論理によるのである。具体的には、なぜ原料のハラルを厳密にチェックしなかったのか、知らなかったでは済まないということになる。

ハラル制度では、原料のハラルの確保･確認は極めて重要（第２章第１節３）であり、常時チェックすることが認証の要件である。原料にハラムの物質（たとえば豚遺伝子）が検出されなくても、原料納入企業がハラムの中間投入物（たとえば豚由来の酵素）を使用していると、その原料はハラルでなくなる。したがって、原料その物を分析するだけでなく、原料納入企業との意思疎通、納入企業への教育・指導が重要になる。ハラル認証の要件の１つである経営管理の中に含まれる「社会化プログラム」（下請け企業、納入企業など社外の関係者に対する教育）（第２章第１節５（3））は、このことを言っている。

⑵　川上産業の責任

前述（第６章第１節４）のとおり、企業は、ハラル製品を製造するために、原料納入企業に原料のハラルを求める。その納入企業は、その「原料の原料」を納入する企業に「原料の原料」のハラルを求め、その連鎖が何段階も続く。したがって、最も川下のハラル製品の製造企業は、どこまでも遡ってハラルを求めることになる。なぜなら、製品がハラルであるための大原則は「農場から食卓まで」であり、フード（製品）チェーンの川上のどこかの段階で、ハラルでない物があると、自らの製品もハラルでなくなるからである。そして、その製品にハラル認証マークをつけていると、ハラル制度上の結果責任を問われることになる。

企業活動の現実を考えると、数段階も川上の企業の責任を、川下の企業が負わされるのはかなり酷である。企業は、直接の納入企業に対しては指示できるが、その先の取引のない企業には影響力を及ぼすことはできない。数段階も川上の企業については、その存在を知ることすら難しいであろう。したがって、結果責任を負うことは不合理に思うであろう。しかし、イスラム諸国においては、このようなハラル制度と企業活動の実態とのギャップを感じることは少ない。なぜならば、フード・チェーンのほぼすべてがハラルを前提に動いているので、ハラルでない物が流通している可能性が低いからである。マレーシアのようにハラル制度が機能している国では、川下から川上まで、ハラル認証を取得した原料でつながっており、直接に納入される原料のハラル認証を確認すれば、まず問題は起きないのである。日本など非イスラム諸国において、ハラルを確保しようとする点に無理があるのである。

⑶　川下産業の責任

製造企業を中心に考えると、その川下に位置する企業におけるハラルの問題もある。

工場出荷段階でハラルでない製品を、輸送・保管・小売り段階で扱った運送企業、小売企業は、扱ったものがハラルでないことを知らなければ、責任を問われないようである。その論理はわからないが、マレーシア・チョコレート事案やインドネシア味の素事案は、対象製品が最終財（消費製品）であるので、運送企業や小売り企業が関与しているはずであるが、その責任を論じた資料は見いだせない。

工場出荷段階でハラルである製品が、出荷後の輸送・保管・小売り・調理段階でハラルでない扱いを受けて、ハラルでなくなった場合に、製造企業が責任を負うかという問題もある。規定や参考になる事例はないが、筆者は、工場出荷段階でハラルが確保されておれば、製造企業は川下企業の行為の責任を負わないとされるであろうと考える。原則として製造段階では、最終財（消費製品）を作る企業が大きな責任を負うが、その段階でハラルであれば、それ以降は、輸送・小売り等の段階ごとに、それぞれの責任が問われるのではなかろうか。ただし製造企業が流通に関与している場合には、その企業は責任を問われる。

⑷　その他の責任

ハラル制度の責任の主体として、その他に、認証機関と消費者がある。

ハラル制度には、認証判断に過誤がある場合の認証機関の責任に触れた規定はない。認証判断は宗教判断であるので、認証機関の無謬性を前提としているのであろう。したがってハラル認証を受けた製品からハラムの物が検出されても、製造企業が責任を負うことになろう。認証後に、原料や製法を変更したことにより、製品がハラルでなくなったケースでは、認証機関はペナルティを課す側に立つ。この場合、認証機関は立ち入り調査をして、サンプル等を収去・分析して、原因を追究することになる。その過程で、経営管理上の問題、たとえば、標準実務手順の不実施、ハラル関係文書の欠如、報告の懈怠などの問題が見つかることが多いであろう。

認証機関は、その判断について、法律上の責任も負わないであろう。宗教界において、宗教判断について評価がなされるかもしれないが、責任とは別の話である。ハラル認証は宗教上の判断であり、世俗法は、その判断の是非を問うことはできないからである。

消費者は、ハラル制度の中では触れられておらず、制度の上の責任を負うことはない。もちろん、ハラルでない物を食べてはならないという宗教上の義務は負っている。ハラルでない食品を、知らずに食べてしまった場合には、宗教上の義務を果たさなかったという罪悪感に悩み、神と対話することになるが、制度上のペナルティを受けることはない。上述(第4章第1節2)のマレーシア・チョコレート事件では、豚DNAの混入したチョコレートを食べたイスラム教徒が宗教的な罪悪感に悩み、汚れた自らの血液を交換する費用を企業に請求する動きを見せたことに対し、全国ファトワ評議会は、制御・回避が困難な出来事（Umum al-Balwa）であり、宗教的な罪悪感を覚えなくてもよい旨の見解を発表した。

第8章 ハラル制度と国際経済

第1節　ハラル制度の国際性

1. 国際的不整合

(1)　不整合の概要

ハラル制度の根本にある「ハラルの概念」は、イスラム教という宗教を基礎とするため、その基本部分は世界共通である。しかし、「ハラル制度」は、後世の人間が作り上げたものであるため、学派、地域、時代により差異が生じる。現在では、ハラル制度の国際的な整合性はとれていない。このため、イスラム市場への参入を考える企業は、対応に苦慮している。

しかし、その差異は極めてあいまいであり、法令や基準の比較表のような形で表現できる性格のものではない。しかも、差異がほんの数年で、生じたり消えたりすることもあるからである。また、ハラル制度は、法令とは異なり、細かい基準を明確に示していないので、制度の差異は、規格や規制の文書ではなく、案件ごとの判断の積み重ねの中で見られるからである。さらに、ハラルの概念を制度化している国が少ないので、制度の差異に体系性や傾向を見ることはできないからでもある。

ハラル制度は、「内容」、「形式」、「運用」において、国際的な不整合が見られる。

「内容」の差異は、禁止物の範囲の差異、判断基準の差異、対象製品の範囲の差異に分けられる。なお、最も大きい不整合は、ハラル制度の有無、つまり、ハラル制度がある国と制度がない国に分かれているという点であるが、この点については、次項（第8章第1項2）で詳述する。

⑵　内容の不整合性：禁止物の範囲

禁止物の多くは、聖典（クルアーン）に基づき古い時代に確立したため、国により大きな相違はない。しかし、いくつかの差異が見られる。

第1に、遺伝子組み換え食品の扱いである。禁止生物以外の遺伝子を組み込んだ場合も禁止されるか否かである。遺伝子組み換えそのものが禁止であるのか、ハラムの生物の遺伝子が問題なのかが、はっきりしない。インドネシア（HAS23000）とマレーシア（MS1500）では、ややニュアンスが異なるが、両者の差異はあいまいである。

第2に、禁止物の化学反応により生じた化学物質の扱いである。原則として、禁止物を化学反応させても、その生成物は派生物として禁止物である。しかし、インドネシアのHAS（Halal Assurance System）は、アルコール産業の副産物であっても、それが化学反応で他の物質に変わった場合はハラルであるとしている。アルコール産業の副産物の例として、フーゼル油をあげている。フーゼル油とは、発酵法によるエタノール生産の精製プロセスで分離される、比較的高沸点の揮発性成分で、香料に使用される。その成分は、C3～5を中心とする各種化学物質：アルコール類（イソアミルアルコール〔3-methyl-1-butanol〕、イソブチルアルコール〔2-methyl-1-propanol〕、プロピルアルコール、2,3-ブタンジオール）、アセトアルデヒド、ケトン類（アセトン、ジアセチル〔2,3-butanedione〕）である。このような判断をした背景は不明であるが、インドネシアにおいても、この考え方を一般化することはできないと考える。一般化すれば、豚などのハラムの物が、食材・原材料として自由に使えることになるからである。

第3に、馬の扱いの相違である。馬はハラルであるが、中央アジアのイスラム諸国では、食材として使用しないこととされている。中央アジアでは、馬は社会的・経済的に、特別の存在であったことが背景にあると考える。

⑶　内容の不整合性：判断基準、対象製品

判断基準の差異の 1 つの例は、含有アルコールの許容濃度の差異である。アルコールの許容濃度の考え方は、前述（第 2 章第 2 節 1）のとおり、インドネシアとマレーシアでやや異なっている。2 つ目の例は、食品製造プロセスの「ハラル専用」の意味の相違である。ハラルでない物から「隔離する」という意味に違いがある。インドネシアでは、隔離対象が豚かそれ以外の非ハラルの物で隔離の程度に差をつけているが、マレーシアでは、ハラルでない物からの隔離を一律に求めている。また、屠畜・食肉処理施設は、Slaughtering and processing premises（マレーシア）、Facilities of slaughterhouse を（インドネシア）を専用にするとされているが、その運用は建屋が別なのか工場が別なのかが、はっきりしていない。3 つ目の例は、海外工場におけるハラル管理者の宗教である。前述（第 5 章第 1 節 3）のとおり、マレーシアはハラル管理者をイスラム教徒に限るとしているが、インドネシアは、一定の条件の下で、イスラム教徒でなくてもよいとしている。

対象製品の範囲の差異とは、ハラル制度を食品以外のどのような品目まで拡大するかということである。マレーシアは、図表 1-1 に示すように、医薬品、化粧品、レストラン、ロジスティック（運輸、保管倉庫）、小売り、包装、サービスを、幅広く制度の対象としている。インドネシアは、ハラル製品保証法により、前述（第 7 章第 1 節 5）のとおり、食品、飲料、医薬品、化粧品、化学品、生物製品、遺伝子工学製品などの物品およびサービスをハラル制度の対象とするとしている。アラブ首長国連邦は、食品、化粧品、繊維を対象としている。シンガポールは、食品関係の施設を分類して、食堂（Eating Establishment Scheme）、中央調理施設（Food Preparation Area）、輸出入品（Endorsement Scheme）、鶏肉処理場（Poultry Abattoir Scheme）、加工食品（Products Scheme）、保管施設（Storage Facility Scheme）、製造プラント（Whole

Plant Scheme）を対象としている。

⑷　形式の不整合性、運用の不整合

形式の不整合性は、ハラル制度を記載する法形式の差異である。法形式には、①政府の法令・規格、②国を統一する宗教機関の規則・内規、③個別宗教団体の規則・内規、④非成文などの差異がある。この点については、第７章第１節で詳述した。

運用の不整合は、ハラル認証審査の厳しさの差異である。現実には、この運用の不整合が最も大きい差異である。たとえば、原料や包装材料のサンプルの収去・分析を行うか、原料納入企業（他社）の製造プロセス・フローチャートの提出を求めるか、近隣の豚関係施設等までチェックするか、それら施設との距離をどの程度求めるかなど幅広い項目で、運用の厳しさの差異が見られる。非イスラム諸国では、制度の運用が緩い傾向にあるように、筆者は感じている。

2. 制度の地域性

⑴　ハラル制度の地域差

ハラル制度（国ベースで統一された制度、本項以下同じ）が発達し、認証制度として機能している地域は、東南アジアである。イスラム諸国であるインドネシア、マレーシア、ブルネイのほか、タイ、シンガポールにおいても、制度が制定されており、機能している。また、フィリピン（注：認証団体は複数）、ベトナムでも、制度が存在している。

イスラム諸国が集中する中東では、繰り返し述べたように（第２章第３節３、第５章第２節３）、ほとんどの国はハラル制度を有していないし、有していても、制度は活発には機能していない。アラブ首長国連邦は、ハラル制度を有しているが、同国のハラル認証マークを貼付した製品は、一部の食肉および肉加工品に限られる。中東地域では、ハラルの概念は、社会の中に厳然と存在し、イスラム教徒の日々の生活を律しており、イスラム教徒は強くハラルを意識しているが、ハラルの制度化は進んでいないのである。オーストラリアは、後述（第

８章第２節 4）のとおり、輸出用の赤肉・赤肉製品に限り、ハラル制度を有しており、制度は活発に機能している。ヨーロッパ、北米、南米、北アジアの非イスラム諸国では、複数の認証団体が並立しており、各団体がそれぞれ独自の認証基準を有しているが、ハラル制度は存在しない。

⑵　ハラル製品の地域差

中東地域（ハラル制度のないイスラム諸国）の市場では、流通している製品は、注記のあるものを除き、すべてハラルであるが、ハラル認証マークの貼付された製品はほとんど見られない。ハラル制度を有するアラブ首長国連邦においても、同様に、流通する製品のすべてはハラルであるが、ハラル認証マークのある製品は、（肉製品を除き）ほとんど見られない。中東地域では、ハラルでない製品には、企業がその旨を製品に注記する必要がある。ハラムの物を含む製品への注記を法令で強制している国もある。

インドネシア、マレーシア（ハラル制度のあるイスラム諸国）の市場では、ハラルの製品とハラルでない製品が混在している。ハラル認証マークのある製品とない製品も混在している。ハラルの製品には、認証マークのある製品とない製品があるが、ハラルでない製品に認証マークがつけられることはない。なお、インドネシアは、前述（第７章第１節 5）のとおり、ハラル製品保証法の下で、中東と同様に、ハラルでない製品に注記する方式に移行する可能性が高い。

シンガポール、タイ（ハラル制度のある非イスラム諸国）の市場では、まれにハラル認証マークのある製品が見られるが、流通するすべての製品はハラルでないとの前提がある。

⑶　地域差の要因

このようなハラル制度の地域差、とくに東南アジアと中東のイスラム諸国のハラル制度の差異の要因は２つある。

第１に、イスラム教では、前述（第５章第２節 3）のとおり、ハラルの概念の制度化は望ましくないとされているので、ハラル制度がないのが原則である。イスラム教の中心に位置する中東では、このような考えに忠実な対応をしている。

第2の要因は、非イスラム教徒との関係である。見市（2010）が、「ハラル制度は西欧的な文化の流入する場所、非イスラム教徒と共存する場所で強調される。」「グローバル化する社会では、イスラム教徒が、新しい物についてひとつひとつイスラム法学者に伺いを立てなくてもよい、合理的な制度として（ハラル制度が）機能している」と述べている。

イスラム教徒は、未知の物、サービスや考え方が流入してくると、それがイスラム教の教義に照らして許されるか（ハラルであるか）を考える。しかし、何がハラルであるかを決めるのは神のみであるので、各人が勝手な判断をすることはできず、イスラム法学者の見解を仰ぐことになる。異教徒と接する地域、経済が成長して通商貿易が盛んな地域では、多くの新しい物やサービスが恒常的に流入するため、ハラル制度が発達するのである。中東のように、国内人口の大半がイスラム教徒で、周辺国の大半がイスラム諸国である地域では、ハラルでない食品等が大量に流入してくる可能性は低い。イスラム教徒は、ハラルでない食品等を供されるという懸念がなく、食品等の物がハラルであるかを意識することがほとんどないので、ハラル制度を設ける必要性を感じていない。

異教徒と接する機会が多ければ、必ず、ハラルが制度化されるわけではない。もしそうであれば、非イスラム諸国の方が、制度化が進むはずである。国ベースで制度化するためには、イスラム教徒の人口規模あるいはイスラム教徒の人口比率が大きく、イスラム教徒が、国内で社会的・政治的な力を持っていることが必要である。また、同じ学派が圧倒的多数を占めていることも、合意形成のためには重要である。マレーシアでは、イスラム教徒数が 1,700 万人で、人口に占める割合が約 61％である。人口の 40％近い異教徒がおり、異教徒と常に接する状態で、イスラム教徒が多数派である。しかも、スンニ派のシャーフィー学派が圧倒的多数を占めており、イスラム教が国教となっている。このように、マレーシアでは、制度が発達する素地がある。マレーシア以外では、イスラム教徒の比率は、ブルネイ：67％、インドネシア：88％であり、いずれもシャーフィー学派が圧倒的である。この両国でも、ハラル制度が発達している。

東南アジアの非イスラム諸国（タイ、シンガポールなど）で、ハラル制度が発達しているのは、国内のイスラム教徒のためというよりは、むしろ周辺のイスラム諸国への輸出の便宜のためである。

3. 消費者の意識の地域性

イスラム教徒の消費者のハラル制度・ハラル製品に対する意識も、国際的に大きく異なっている。インドネシアとマレーシア（ハラル制度が機能するイスラム諸国)、シンガポール（ハラル制度が機能する非イスラム諸国)、中東諸国（ハラル制度がないイスラム諸国）について、その傾向を以下に示す。

第１は、マレーシアである。製品には高い比率でハラル認証マークが貼付されているが、同時に、認証マークのない製品も流通している。イスラム教徒の消費者は、認証マークのない製品はハラルでないと認識しており、製品購入に際しては、認証マークをチェックしている。ただし、消費者が全面的に信用するのはマレーシアの認証マークであるが、時々見るインドネシアやシンガポールの認証マークも認知しており、信用している。マレーシアの消費者のハラル制度・ハラル製品に対する意識は極めて高い。

第２に、インドネシアでは、ハラル制度は機能しているがマレーシアほどではない。ハラル認証マークが貼付されている製品の比率が小さいため、ハラル認証マークのない製品も多数流通している。マークのない製品には、ハラルの製品とハラルでない製品が混在しており、消費者はそのことをよく知っている。このため、イスラム教徒の消費者は、マークだけではなく、経験やコミュニティの情報に基づきハラルか否かの判断をしている。消費者は、インドネシアのマークを信用しているが、時々見るマレーシアやシンガポールの認証マークも信用している。インドネシアのイスラム教徒の消費者も、ハラル制度・ハラル製品に対する意識は高い。

第3に、シンガポールである。一般のスーパーマーケット等では、自国のハラル認証マークだけでなく周辺国（インドネシア、マレーシア、タイ）の認証マークも見られる。しかし、認証マークを貼付した製品の比率は小さい。消費者は、おもにイスラム教徒の経営する店舗で購入するが、ハラル認証マークやコミュニティ情報にも頼っている。シンガポールのイスラム教徒の消費者のハラル制度・ハラル製品に対する意識は高いと言える。

第4は、中東のイスラム諸国では、アラブ首長国連邦も含めて、消費者は、すべての製品がハラルであることを前提として製品を購入している。実質的にハラルでない製品を、その旨の表示なしで製造・流通させる企業が存続できない社会であるので、消費者は製品がハラルであるか否かを心配することなく、製品を購入している。ただし、非イスラム諸国で製造された製品のハラル性には疑念を有しており、購入に際しては、成分表示をチェックするなど慎重な態度をとっている。その意味では、中東諸国の消費者のハラル制度・ハラル製品に対する意識は、その安心感の故に、東南アジアの消費者ほどは高くない。

4. 国際規格

(1) ハラル制度統一の動き

ハラル制度・規格を、国際的に統一しようとする動きがある。

イスラム諸国57か国で構成されるイスラム協力機構（OIC：Organization of Islamic Cooperation）は、共通規格の策定を目指して議論を進めている。OICの常設委員会である経済・商業常任委員会（Standing Committee for Economic and Commercial Cooperation: COMCEC）で議論が進められてきたが、現在は、OICの付属機関であるイスラム諸国標準・度量衡研究所（SMIIC: Standard and Metrology Institute for Islamic Countries）が中心になって作業を進めている。しかし、まだ完全な合意には至っていない。

ASEAN（東南アジア諸国連合）は、General Guideline on the Preparation and Handling of Halal Foodという共通規格の原案を策定しているが、合意・成立には至っていない。2011年に、インドネシアの当時のブディオノ副大統領が「ASEANの市場統合の場合は、当然、ハラル認証も一つに統合されるべきだ」と述べたと、現地紙Republikaで報じられた（山本，2011)。2015年12月31日に発足したASEAN経済共同体（AEC: ASEAN Economic Community）発足後には、製品の標準化の一環として、ハラル制度の統一化が進むと期待された。しかし、制度の統一化に大きな進展はなかった。

食品の国際規格を定めるCODEX（Codex Alimentarius）には、既に触れた（第5章第2節3）とおり、一種のハラル規格がある。「ハラルという用語の使用についてのガイドライン（General Guideline for Use of the Term "Halal" (CAC/GL 24-1997)）」が、1997年の第22回会議で定められた。このガイドラインは、標題が示すように、あくまでも、「ハラル」という用語を説明するという位置づけにとどまっており、実態経済上の効果はない。ハラル分野の全般をカバーしているが、ハラルの概念についての極めて簡潔な規定にとどまっており、認証実務に使用できるレベルではない。内容は、マレーシアのハラル規格（MS1500）とほぼ同じであるが、後述（第8章第3節3⑵）のとおり、MS1500よりもやや緩い箇所が認められる。

多くのイスラム諸国は、ハラル制度を統一すれば、非イスラム諸国との貿易投資が活発になり、経済発展につながると認識している。しかし、規格の内容や審査基準の相違だけではなく、各国のハラル認証機関（団体）の利害の相違が、制度の統一を阻んでいる。制度が統一されると、認証団体の国際的な淘汰が進むからである。

筆者は、かつてHashim（2010）が提案した、全てのイスラム教徒に受け入れられる事項（たとえば、屠畜に関する事項）に限って合意する案は、最初の1歩として検討に値すると考えている。

⑵　相互認証の動き

ハラル認証の相互受け入れの国際的な取り決めの動きがある。アジアでは、東南アジアの4カ国（マレーシア、インドネシア、ブルネイ、シンガポール）で、各国のハラル認証を相互に受け入れる協定が結ばれている。この4か国の間では、それぞれのハラル認証を、自国のハラル認証と同等として、受け入れることとしている。この4カ国のハラル制度も相互に異なっている部分があるので、制度の整合性をとるべく、議論がなされている。ただし、協定はあくまでも宗教機関の間の合意であり、その成文は公表されていない。実務の面から見れば、4か国間の制度間でどの程度の互換性があるのを知るため、協定内容の公表が望まれる。

相互認証協定は、大きな問題を残している。制度の互換性の欠如（第8章第1節6）は未解決のままになっている。ハラル認証マークが統一されていないので、いずれかの国のハラル認証製品を他国に輸出する場合に、当該他国の認証マークを貼付することはできないのである。

⑶ 統一への方向

ハラル規格・制度を世界全体で統一するステップとして、数か国間での統合が有効ではないかと、筆者は考えている。たとえば、東南アジア4か国の相互認証、ASEANの10か国の共通規格のような、地域的な統合である。これまで、企業は進出する国ごとにハラル認証を取得してきたが、各地域に共通規格（相互認証）グループが形成されれば、それだけで、企業の負担は軽減される。さらに共通規格（相互認証）グループどうしの相互認証が進めば、世界全体で、いくつかの大きな共通規格（相互認証）グループができることになる。そうなれば、世界共通規格はできなくても、企業の負担は極めて小さくなる。大きな統合（相互認証）グループ間の統合が行われれば、世界全体の共通規格につながることになる。

国際経済の分野では、近年、少数国間の自由貿易協定（FTA: Free Trade Agreement）が急増している。これは、世界貿易機関（WTO: World Trade Organization）における世界全体の自由貿易の枠組み作りが、各国の利害対立で、進まないことを背景としている。FTAが世界全体の貿易自由化に与える効果には、2つの考え方がある。FTAは世界全体の貿易自由化を促進する踏み台の効果（Building block）を有するとの考え方、これを妨げる障害物の効果

（Stumbling block）を有するとの考え方の２つである。筆者は、前者を支持しており、FTA の連鎖が広がって，あるいは，FTA の地域が広がっていき（締約国が増えていき），世界全体の自由化につながると考える。ハラル制度の国際的な統一の方向についての参考になるのではなかろうか。

図表 8-1 に、ASEAN の 10 か国について、ハラル制度・規格の国際的統合の状況を、相互認証、公認（第８章第１節 5）を含めて、整理して示している。ASEAN 地域だけでも、多数の共通規格（相互認証）グループ（交渉中を含む）が形成されている。ASEAN10 か国はいずれも CODEX に加盟しているので、CODEX の General Guideline for Use of the Term "Halal" を受け入れていることになる。また、10 か国とも交渉中の ASEAN General Guideline on the Preparation and Handling of Halal Food の対象国である。インドネシア、マレーシア、ブルネイは OIC 加盟国であり、タイは OIC のオブザーバー国であるので、この４か国は交渉中の OIC の世界規格の対象国である。さらにシンガポール、ベトナム、フィリピンを加えた７か国は、マレーシアが公認した認証団体（JAKIM Recognized Halal Certification Bodies）、インドネシアが公認した認証団体（MUI Approved Halal Certification Bodies）である（第８章第１節 5）。そして、インドネシア、マレーシア、ブルネイ、シンガポールの４か国は、相互認証協定国である。

各国はそれぞれ複数のグループに属している。つまり、インドネシア、マレーシア、ブルネイの３か国は、６つのグループのいずれにも属している。シンガポールは OIC を除く５つのグループ、タイは４か国協定を除く５つのグループに属している。ベトナム、フィリピンは４つのグループ、カンボジア、ラオス、ミャンマーは２つのグループに属している。

ASEAN 以外の地域でも、このようなグループが形成されると、自然に世界共通規格の方向に進むのではなかろうか。

図表 8-1　東南アジアのハラル制度統一の状況

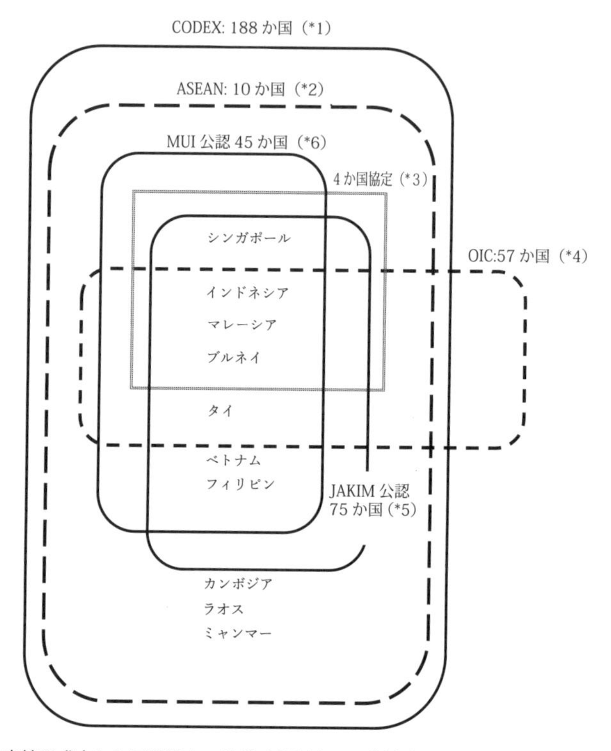

注：実線は成立した国際協定。破線は検討中の国際協定。
*1：CODEX General Guideline for Use of the Term "Halal".
*2：ASEAN General Guideline on the Preparation and Handling of Halal Food.
*3：4 か国相互認証協定（非公表）。
*4：OIC Global Halal Standard、タイは OIC のオブザーバー国。
*5：JAKIM Recognized Halal Certification Bodies.
*6：MUI Approved Halal Certification Bodies.

5. 公認制度

⑴　公認制度とは

ハラル制度の国際的不整合性を少しでも解消する方法として「公認（Recognition または Approval）制度」がある。公認制度とは、あるハラル認証機関が、他のハラル認証機関（団体）の認証を、自らの認証と同等であると公に認める制度である。

国を超えて公認するのが一般的である。具体的には、ある国の認証機関が、他国のハラル認証機関（団体）の審査方法・審査基準が、自らのそれと同等以上の水準にあると判断すれば、当該他国の認証機関（団体）のハラル認証を、自らのハラル認証と同等に扱うことである。これにより、企業は、進出先国の認証機関ではなく、自国内の公認を受けた認証団体で、進出先国と同等のハラル認証を取得できることになる。同じ国内で他の認証団体を公認することも、概念上はありうるが、そのようなケースは極めて少ない。

イスラム諸国の認証機関が、非イスラム諸国の認証団体を公認するするケースが一般的である。公認制度は、イスラム諸国の市場に進出を企図する、非イスラム諸国の企業の便宜のための制度であるからである。非イスラム諸国では、複数の認証団体が並立するので、一国内で複数の認証団体が、海外の同じ認証機関から公認を受けることがある。イスラム諸国の認証機関どうしが公認し合うこともある。この場合は、イスラム諸国間の貿易の促進のためである。非イスラム諸国のイスラム教徒人口が多い場合には、当該非イスラム諸国の認証団体が、イスラム諸国の認証機関を公認することもありうる。イスラム諸国の企業の海外進出を促進するためである。

公認制度は、ハラル制度の国際化を推進し、世界共通規格の制定に寄与するであろう。

⑵　公認制度の実態

国外の認証機関（団体）の公認を積極的に行っているのは、マレーシアとインドネシアの両国である。マレーシアの認証機関（JAKIM）とインドネシア認証機関（MUI）による、海外の認証機関（団体）の公認状況を下記に示す。インドネシアの認証機関はハラル製品保証実施機関（BPJPH）に移行した（第7章第1節5）が、直近の資料によれば、依然MUIが公認を行っている。

マレーシアは、図表8-2に示すように、2018年11月現在で、世界で43か国75機関を公認している（JAKIM, 2018)。いくつかの傾向を見ることができる。

第1に、公認数が増えていない。マレーシアは、ハラル・ハブ（Halal Hub）政策を始めた2006年頃から、海外認証団体の公認を積極的に進めてきたが、2013年以降は公認数が増えていない。公認数は、2010年11月時点では25か国51機関（団体)、2013年7月時点では49カ国73機関（団体）であった。

第2に、非イスラム諸国での公認は減少している。マレーシアが公認した国の中で、イスラム協力機構（OIC）に加盟している国は11か国14機関（2018年）であり、2013年時点の5か国（バングラデシュ、インドネシア、パキスタン、スーダン、トルコ）6機関から増加している。ただし、中東のイスラム諸国の公認は2か国にとどまっている。逆に、非イスラム諸国の公認数は32か国61機関（2018年）であり、2013年の44か国67機関から減少している。

このような傾向の背景には、マレーシアの市場規模が小さいこと、ハラル認証マークの互換性がないこと（第8章第1節6)、ハラル制度は任意の制度であることが流布し、マレーシアの公認を取得する意味が小さいことが明らかになってきたことがあると、筆者は考えている。

第3に、世界の中で、日本の認証団体が前のめりになっていることである。1国で複数の認証団体のある国は18か国あるが、日本が7団体と最も多くなっている。オーストラリアの公認数は、2010年時点で13団体、2013年で8団体、2018年11月で6団体と減少傾向にあるが、日本は、2013年の2団体から2018年には7団体に増加している。

インドネシアのMUIは、図表8-3に示すように、26か国1国際組織45機関（団体）（2019年１月現在）を公認団体としてしている（MUI, 2019）。

⑶　公認制度のメリット

公認制度には、いくつかのメリットがある。企業側から見たメリットと認証機関（団体）のメリットがある。

第１に、公認される国の企業側のメリットである。最大のメリットは、公認団体の認証をとれば、公認を出した国の企業、取扱業者が、その認証を評価してくれることである。また、費用や時間の負担の軽減も大きなメリットである。国外の認証機関から認証を得る場合でも、前述（第２章第３節 1, 2）のとおり、現地調査を受け入れる必要がある。調査日程の調整の手間がかかるだけでなく、調査員（最低２人）の渡航費・宿泊費を負担する必要がある。現地調査が１回で済まないこともあるし、認証後の定期検査もあるので、負担は大きくなる。国内の団体であれば、そのような負担は小さく、しかも自国語で手続きを進めることができるので、便利である。

第2に、認証機関のうち公認する機関側のメリットである。公認する側にとっては、制度の普及である。非イスラム諸国の認証団体を公認する場合には、公認制度は一種の「（宗教的な）制度移転・技術指導」の性格を帯びている。公認は、自らの制度を他国の団体に受け入れさせているのであり、相手国の団体の制度を認めて相互認証しているのではない。つまり、公認する機関と公認される団体の関係は、対等ではなく、公認する側が上位にある。イスラム諸国では、イスラム教の特定の学派が宗教的にも政治的にも国を支配しており、公認は、制度移転という形で、宗教的影響力の拡大につながる。

第３に、認証機関（団体）のうち公認される側のメリットである。最も大きいメリットは、ステータスの向上および営業力の向上である。多くの非イスラム諸国では、複数の認証団体が並立するが、その中で、公認を得た認証団体は、イスラム諸国の由緒正しい宗教組織のお墨付きを得ることで、自らの宗教的な正統性、認証組織としての正統性を世に知らしめることができる。そして、その正統性を武器に、多くの認証依頼を期待することができる。現実に、公認

図表 8-2　マレーシア JAKIM の公認を受けた認証機関（団体）数（国別）

地域	国別 JAKIM 公認機関（団体）数		
アジア	バングラデシュ（1）	ブルネイ（1）	中国（5）
	インド（3）	インドネシア（1）	日本（7）
	カザフスタン（2）	モルディブ（1）	パキスタン（2）
	フィリピン（2）	シンガポール（1）	韓国（1）
	スリランカ（1）	台湾（1）	タイ（1）
	ベトナム（1）		
中東	イラン（1）	アラブ首長国連邦（1）	
オセアニア	オーストラリア（6）	ニュージーランド（2）	
ヨーロッパ	オーストリア（1）	ベルギー（1）	ボスニアヘルツェゴビナ（1）
	フランス（1）	ドイツ（1）	アイルランド（1）
	イタリア（2）	リトアニア（1）	オランダ（3）
	ポーランド（2）	スペイン（1）	スイス（1）
	トルコ（2）	英国（2）	
北アメリカ	カナダ（2）	アメリカ（2）	
南アメリカ	アルゼンチン（1）	ブラジル（2）	チリ（1）
アフリカ	エジプト（1）	ケニア（1）	モロッコ（1）
	南アフリカ（3）		
世界計	43 か国 75 機関		

注：2018 年 11 月現在。網かけは、OIC（イスラム協力機構）加盟国。
出典：マレーシア JAKIM 資料から筆者作成。

を得た認証団体の認証を得ると、公認を出した国の市場に進出しやすくなるので、多くの企業が公認団体に認証の依頼をするであろう。

非イスラム諸国の認証団体にとって、制度移転およびそれに伴う指導を受けることもメリットである。イスラム諸国の国内で統一されたハラル認証機関は、宗教的なバックもあり、イスラム教徒の要求水準を満たす、高いレベルの制度を有し、組織的な活動を行っている。しかし、非イスラム諸国の認証団体の多くは、組織が小さく、制度を手作りで運用しているにすぎない。このため、公認を受けることにより、認証制度の高度化、認証技術の向上、宗教的水準の向上を図ることができる。

図表 8-3　インドネシア MUI の公認を受けた認証機関（団体）数（国別）

地域	国別 MUI 公認機関数		
アジア	シンガポール（1）	マレーシア（1）	ブルネイ（1）
	日本（2）	台湾（1）	インド（2）
	香港（1）	タイ（1）	ベトナム（1）
	フィリピン（1）	スリランカ（1）	
オセアニア	オーストラリア（7）	ニュージーランド（3）	
ヨーロッパ	ベルギー（1）	ポーランド（1）	スペイン（1）
	イタリア（1）	オランダ（1）	ドイツ（1）
	英国（2）	スイス（2）	アイルランド（1）
	トルコ（2）		
	国際組織（1） オランダ　ドイツ　デンマーク　オーストリア		
北アメリカ	アメリカ（5）		
南アメリカ	ブラジル（2）		
アフリカ	南アフリカ（1）		
世界計	26 か国 1 国際組織 45 機関		

注：2019 年 1 月現在。網かけは、OIC（イスラム協力機構）加盟国。
出典：インドネシア MUI 資料から筆者作成。

⑷　公認制度の限界

公認制度には限界もある。とくに、企業側に、そのような限界が多い。

第１は、公認の拡張性のなさである。公認は、公認する機関と公認される機関（団体）の間の相対（あいたい）契約であり、公認された複数の機関（団体）の間で、相互に公認する関係が自動的に形成されるわけではない。たとえば、日本の認証団体とインドネシアの認証機関がいずれもマレーシアから公認されていても、日本とインドネシアの認証機関の間には公認の関係は生じない。

第２は、互換性の欠如である。企業が国内の公認団体で得た認証は、公認を出した国の認証機関ではハラル認証と扱われるが、その国のハラル認証マークをつけることができない。したがって消費製品については、公認を取得する意味はない。この点は次節（第８章第１節６）で詳述する。

第３は、費用の高止まりである。公認団体を利用すれば、海外から現地調査を受け入れる費用は不要となる。しかし、日本国内では、多くの認証団体の認証費用は極めて高額である。マレーシアやインドネシアで同国内企業が支払う費用の数10倍から数100倍するケースもあると聞く。イスラム諸国ではハラル認証は、宗教上の公的サービスの性格を帯びているが、非イスラム諸国ではビジネスに化している。

第4は、公認をした認証機関側の問題である。公認された国の企業は、公認を出したイスラム諸国へ輸出しやすくなる。公認された国の企業からすれば、輸出で済むのであれば、リスクを冒して直接投資（第10章第2節4）しなくてもよいということになる。公認制度は、ハラル制度制定の本来の目的である直接投資の誘致を没却する可能性を内包している。

6. 制度の互換性の欠如

国際的な不整合性の中で最も大きな問題は、制度の互換性の欠如である。ハラル制度の国際的な不整合性を乗り越えるために、制度の統一、制度の相互認証（第8章第1節4)、公認制度（第8章第1節5）などの試みが続けられている。しかし、制度の互換性がなければ、そのような統一は、通商貿易の観点からはあまり意味がない。

互換性がないとは、ハラル認証マークが統一されていないという意味である。ある国で認証を受けても、他の国の市場では、当該他国の認証マークを貼付できない、つまり認証を得た国の認証マークしか付けられないのである。ハラル制度が、制度の統一、相互認証、公認など何らかの形で整合性がとれていても、認証を受けた国の認証マークが付けられないのである。

たとえば、マレーシアに公認された日本の認証団体で認証を取得しても、マレーシアの市場でマレーシアの認証マークを貼付できないのである。マレーシアの認証機関が、日本のハラル認証をマレーシアの認証と同等と認めるだけであって、マレーシアのハラル認証マークの貼付は認めないのである。

マレーシアの消費者は、日本のハラル認証マークを認知していないので、その日本のハラル認証が自国と同等であると、知ることがない。寺野（2017）

は、マレーシアのイスラム教徒の消費者を対象に調査を行い。日本のハラル認証マークの知名度は高くないことを示している。マレーシアは世界で 75 認証機関（団体）を公認しており、そのリストを認証マーク付きで公表しているが、消費者は小売店で食品等を購入するに際して、そのようなリストと照合することはない。公認のない認証機関の認証マークを貼付した商品も流通しているので、消費者が信用するのは、事実上自国の認証マークだけである。

マレーシアの市場に食品等の最終財（消費製品）を投入する場合には、結局、マレーシアの認証機関（JAKIM）で認証を取得せざるを得ない。ただし、食品原料のような中間財の場合は、JAKIM に公認された日本国内の認証団体の認証が有効である。原料の売り先はマレーシアの企業であり、その企業が自社製品のハラル認証を得るためには、その原料がハラルであると JAKIM が認めてくれれば十分である。中間財の場合は、消費者にハラル認証マークを見せる必要がないからである。なお、ハラル規格が全く同じであったとしても、同様に、互換性の欠如の問題は生じうる。

マレーシアのハラル制度は、宗教的にも厳密で、その適用範囲が広いため、多くのイスラム諸国で受け入れられる傾向にある。しかし、ハラル制度には国際的な互換性がないので、マレーシアのハラル認証を得ても、他の国では、その認証マーク付けることができない。マレーシアの関係者が言う「マレーシアの認証は世界のイスラム諸国で評価されているので、マレーシアに工場を作り、輸出すれば世界のイスラム市場を獲得できる」という状況ではない。

企業にとって、最も大きな負担は、この互換性の欠如である。認証団体に対する公認基準を厳しくし、公認した団体の認証については、たとえば書類審査で自国のハラル認証を与えるというシステムは構築できないであろうか。イスラム諸国の、今後の、現実的な対応に期待したい。

第２節　ハラル制度と食肉貿易

1. 食肉処理・貿易手続きの共通性

イスラム諸国への食肉（肉製品を含む）の輸出は難しい。理由はいくつかある。第１に、豚をはじめ禁忌の動物がある（第２章第１節 7）。第２に、非イスラム諸国では、適正屠畜が難しい。前述（第３章第１節 3）のように、屠畜・食肉処理工程には、イスラム教徒の必置、宗教儀式の強制があるからである。生産効率の低下、設備投資の必要性などの要因もある。そして、食肉のハラル制度が政府の規制と結びつくことにより、第３に、ハラル認証が強制となっていること、第４に、輸出手続きが煩雑で錯綜していることがある。

しかし、イスラム諸国への食肉の輸出は、他の食品よりも輸出しやすい側面もある。第１は、イスラム教に基づく屠畜・食肉処理のルールは、世界共通であることである。屠畜処理方法は、極めて宗教的であるがゆえに、いずれの国においても、時代を経ても変化する余地がなかったのである。経済のグローバル化の中で生産効率の向上が求められても、キリスト教を背景とする近代西欧的な考え方と衝突を繰り返しても（第４章第２節）、屠畜・食肉処理のルールは変化することはなかったし、これからも変化することは考えられない。

第２は、貿易手続きも世界のイスラム諸国で共通であることである。食肉の貿易手続きは、いずれのイスラム諸国においても、食肉検疫の制度、食肉衛生の制度と結びついている。これら両制度に国際的な共通性があるので、ハラル食肉貿易に求められる手続きも共通になっている。ただし、その手続きに国際的な互換性はなく、ハラル認証は国別に取得していくことになる。

2. ハラル認証の強制

⑴　強制

ハラル制度は任意の制度であり、ハラル認証の取得を政府に強制されることはないことを強調してきた（第7章第2節1）。しかし、食肉（肉製品を含む）は例外で、政府による強制がある。ほぼすべてのイスラム諸国において、食肉はハラル（適正屠畜）であることが必須であり、ハラル認証（適正屠畜）のない食肉は通関できない。正確に言えば、多くのイスラム諸国において、豚肉は特別の店舗あるいはスーパーマーケット等の特別コーナーで売られているが、適正に屠畜されていない動物は市場で売られることはない。豚肉は通関できるイスラム諸国があるが、適正屠畜されていないが故にハラル認証のない食肉はイスラム諸国では通関できない。外形上は、豚よりも不適正屠畜された牛肉等のほうか、厳しい規制のように見える。豚肉は外見等からハラルでないことが判別できるが、適正屠畜の有無は外見から判別することが難しいからであろう。イスラム諸国においても、豚肉を求める非イスラム教徒が存在することも、理由であろう。

⑵　ハラル認証と安全・衛生

貿易において食肉のハラル認証が強制されるのは、いずれの国においても、食肉の安全・衛生に対する規制が厳しいからである。食肉の安全・衛生を確保するためには、自国内の食肉生産の規制だけでなく、輸入食肉についても規制する必要がある。輸入食肉の安全・衛生のチェックは、法律に基づき、政府機関である税関・検疫局により行われており、ハラル認証の有無も、同時にチェックされる。食肉のハラル認証は、通関手続きにおいて、法律に基づく安全・衛生規制と完全に結びつくことにより、強制となっている。

なぜ、ハラル認証が、安全・衛生の規制と結びつくのであろうか。近代西欧的な科学合理性からすれば、食肉のハラルは、安全・衛生とは関係がないように見えるかもしれない。しかし、食肉がハラルであるためには、前述（第3

章第１節）のとおり、トイバン（Thoyyiban）（安全・衛生）（第２章第１節６）が確保される必要がある。また、電気ショック等で仮死状態にせずに屠畜する背景には、死肉を処理しないという考え方がある。このように、食肉のハラルは、もともと食品衛生と密接な関係があり、長い歴史の中で受け継がれて、イスラム社会の中で強固に根付いてきたと筆者は考えている。

⑶　ハラル制度と政府機関

食肉の安全・衛生を確保するために、国際的に、食肉には食品衛生と動物検疫の２種類の規制がかかっている。食品衛生は、腐敗や食中毒等から人間の健康・安全を守るものであり、動物検疫は、BSE（牛海綿状脳症）、口蹄疫病、豚インフルエンザなどの家畜の伝染病を予防するものである。近年、家畜の伝染病の大発生が何度も生じており、伝染病が発生した国の食肉については、各国政府は輸入を禁止する措置を採る。一定期間後に、その解除のために、政府間で交渉が行われるため、食肉貿易は政府による２国間交渉次第という体になっている。なお、食肉貿易では、輸出国と輸入国の両政府が直接関与するシステムが採られている。輸出国（日本）の検査・証明を得て、さらに輸入国（イスラム諸国）で検査・審査を受ける。

イスラム諸国では、いわば第３の食肉規制として、ハラル認証があり、その審査を政府の検疫部局が担当している。イスラム諸国においても、食品のハラルは宗教上の要求であるので、本来は、政府が関与することはないが、輸入食肉のハラルだけは、政府が管理している。そして、イスラム諸国は、輸入牛肉がハラルであることについて、輸出国政府の証明を求める。日本のような非イスラム諸国では、食肉のハラルは、政府の関与するところではない。むしろ、政教分離の原則に照らせば、宗教上の価値判断に政府が関与することは、慎むべきであろう。しかし、次項（第８章第２節３）で述べるように、実務上の要求から、政府がハラルに一定の関与をしている。

なお、食肉の貿易には、自国の畜産業者を保護する目的で関税・非関税障壁が設けられている。WTO の貿易自由化交渉が事実上停止しているため、関税率は、２か国あるいは数か国間のFTA（自由貿易協定）で設定されることが多い。食肉は他の農産物と同様に、各国政府のこだわりの強い分野である。関税・非関税障壁が、事実上、食肉衛生、動物検疫、ハラルに続く第４の規制になっている。

3. 食肉の輸出手続きの錯綜

⑴　輸出手続きの概要

イスラム諸国に食肉を輸出するためには、大きく分けて３つの証明が必要である。食肉衛生証明書、輸出検疫証明書そしてハラルの証明である。実務では、食肉衛生証明書とハラルの証明が一体化している。国内の屠畜・食肉処理場（以下、屠畜施設）で処理された牛肉をアラブ首長国連邦（UAE）へ輸出するケースで、輸出実務を説明する。輸出実務の簡単なフローを図表8-4に示す。

第１に、ハラルの証明である。屠畜施設等（食肉処理施設を含む）は、まず、UAEのハラル認証機関の認証を得ること、UAE政府から牛肉輸出施設として登録されることが必要である。次に、屠畜施設等は、都道府県知事（保健所設置の市長）に、UAEに認証・登録された旨申し出る。知事は、屠畜施設等が一定の要件を満たしていることを審査して、厚生労働省（医薬食品局食品安全部）に報告する。同省は、これをUAE政府に通知する。これにより屠畜施設等は、ハラルの証明を受けたことになる。ハラルの食肉を生産できるとしてUAEに登録された屠畜施設等は、図表8-5に示すように、屠畜、食肉処理で、各４施設だけである。同図表に、インドネシア、マレーシア、カタール、バーレーンに登録された屠畜施設等も示す。

ハラル認証機関はUAEの本国の機関であることが原則であるが、UAE向け輸出牛肉のためのハラル屠畜を監督し証明書を発行する機関として、日本国内の宗教法人が、登録（公認）されている。

ハラル証明の手続き・条件は、輸出先であるイスラム諸国により異なる。その内容は、日本政府とイスラム諸国政府の２国間の協議に従い決まることとなる。このような２国間協議が整っているイスラム諸国は、図表8-6に示すように、2017 年 11 月時点で、UAE およびインドネシア、マレーシア、カタール、バーレーンの計 5 カ国である。

第 2 に、食肉衛生証明書である。前提条件として、屠畜施設は、輸出食肉を生産する施設として、都道府県知事の登録を受ける必要がある。輸出者は、各都道府県等の食肉衛生検査所に同証明書の発行を申請する。食肉衛生検査所は、登録屠畜施設で適切に屠畜、解体及び分割等されたこと、ハラル証明があることなどを確認した上で、同証明書を発行する。

第 3 に、輸出検疫証明書である。輸出者は、農林水産省動物検疫所に、輸出検査申請を申請する。動物検疫所は、書類審査、現物検査などを経て、輸出検疫証明書を発行する。

最終的に、輸出者が、食肉衛生証明書と輸出検疫証明書を UAE に提出してはじめて、同国の食肉の輸入検査を受けることができる。

⑵　輸出手続き錯綜の要因

⑴ で述べたように、食肉の輸出手続きは錯綜している。図表 8-4 および厚生労働省の通知（厚生労働省，2018）でわかるように、関係機関が多く、両国政府間、政府・自治体間で手続きが往ったり来たりしていること、各証明書が、他の証明書の交付の前提になっていることが、食肉輸出を複雑にしている。

関係機関は、アラブ首長国連邦政府（ハラル認証団体）、県庁（市役所）、食品衛生検査所（保健所）、厚生労働省、農林水産省動物検疫所である。

手続きが錯綜している原因はハラル認証にある。食肉を UAE に輸出するためには、UAE は、日本政府に 3 つの証明を求める。①食肉衛生証明書（厚生労働省）、②輸出検疫証明書（農林水産省）および③「UAE 向けの輸出牛肉取り扱い屠畜場」であることの通知（厚生労働省）である。

この③の通知は、屠畜場が一定の衛生水準（HACCP、食品衛生法、屠畜場法を順守等）を有していることを確認するものである。ただしこの通知を得るためには、UAE 向けの輸出屠畜場であることの証明（県庁）が必要であり、この証明を得るためには、事前に、UAE の登録屠畜施設になること、「UAE の

図表 8-4　イスラム諸国への食肉輸出手続き（イメージ）

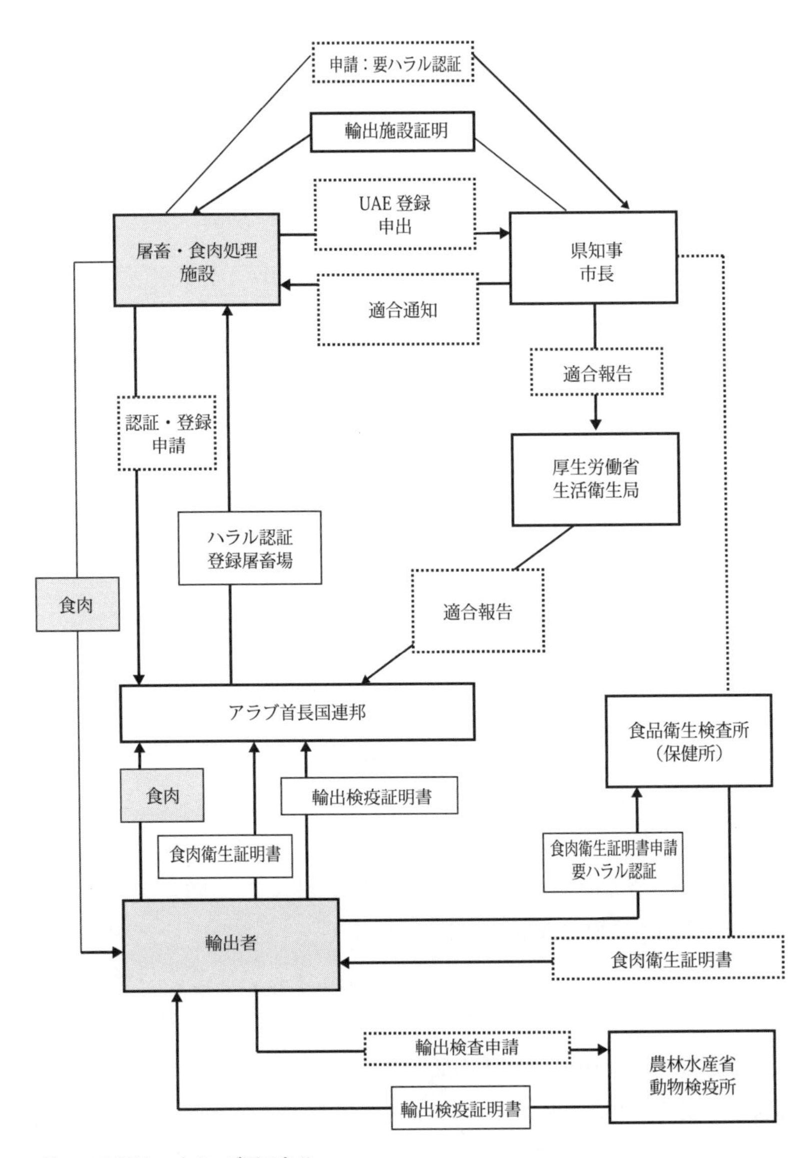

注：この図は、イメージ図である。
出典：厚生労働省（2018）および農林水産省資料から、筆者作成。

図表 8-5　イスラム諸国への輸出牛肉を扱う食肉処理施設

施設名	種類	場所	輸出先国
㈱北海道畜産公社・北見工場	屠畜	北海道 大空町	UAE
同・北見地区総合食肉流通センター	食肉		
全国開拓（農協連）人吉食肉センター	屠畜	熊本県 球磨郡	インドネシア マレーシア カタール バーレーン UAE
ゼンカイミート㈱	食肉		
協業組合本庄食肉センター	屠畜	埼玉県 本庄市	カタール バーレーン
（有）寄居食肉	食肉		
羽曳野市立南食ミートセンター	屠畜	大阪府 羽曳野市	UAE カタール バーレーン
阪南畜産㈱	食肉		
三田食肉センター	屠畜 食肉	兵庫県 神戸市	UAE カタール バーレーン
㈱にし阿波ビーフ	屠畜 食肉	徳島県 みよし町	インドネシア マレーシア

注：食肉：食肉処理の略。2019 年 2 月 12 日現在。
出典：厚生労働省 HP から筆者作成。

ハラル認証」を得ることが必要である。また、①の食肉衛生証明書（食品衛生検査所）を取得するためにも、事前に「UAE からハラル認証」を得ておく必要がある。国内で必要書類を入手するために、このように「UAE のハラル認証」が必要である。したがって、この 2 つの書類は、ハラル認証を前提としている。

UAE は自らハラル認証を出しているが、日本政府に、衛生面および屠畜場の管理についての日本政府の保証（証明）とともに、「（日本政府の）ハラル認証」を求めているのである。そこで、日本政府は、屠畜施設が UAE のハラル認証を得た事実を、国内で書類をまわすことにより、「UAE のハラル認証」を確認して、UAE に通知する。UAE は、その通知を「日本政府のハラル認証」と解しているようである。政教分離が原則の日本は、「日本政府のハラル認証」を出せないが、「UAE のハラル認証」を追認（黙認）した形になっている。

このように、ハラル認証を出せない日本政府と、政府のハラル認証を要求するUAEの妥協の産物として、あいまいで複雑な制度を作り上げているのである。日本政府は、制度を錯綜させることにより、ハラル認証をせずに、UAEの要求に応じた形を採っているのである。実は、オーストラリアも、形は違えども、あいまいな制度を採っている（第８章第２節4）。

4. オーストラリアの政府管掌ハラル制度

⑴　制度の背景

オーストラリアは、政府が関与した輸出用の食肉（肉製品を含む）のハラル制度を構築している。オーストラリアにとって、食肉は穀物、資源エネルギーと並んで、戦略的輸出品目であるため、その輸出促進を図るためである。

前述（第８章第２節3）のとおり、食肉をイスラム諸国へ輸出するためには、輸入国の食品衛生関連法令および家畜伝染病予防関連法令をクリアする必要があり、ハラルの確保は、これら法令と結びついて、事実上強制になっている。イスラム諸国では、食肉の衛生とハラル適合性を、一体のものと解して、輸入審査を行っているのである。したがって、イスラム諸国に食肉を輸出するためには、輸出国の食肉輸出企業は、食肉のハラルを証明する必要がある。ハラルであることの証明には、食肉衛生と同様に、輸出国の国家あるいは公的な機関の発行する書類が必要である。

しかし、ほとんどの非イスラム諸国では、政教分離の原則を有するため、政府がハラルの証明を出すことは難しい。ハラルであるということは宗教的な判断であり、国家がその判断をオーソライズする行為は、まさに、特定の宗教と国家が融合しているように見えるからである。

オーストラリアは、政教分離の原則を崩さないようにして、食肉のハラルを国家が証明したように見せる制度を構築している。政府が、外形上、食肉衛生とハラル性を合わせて判断しているように見せるシステムを構築しているのである。これにより、イスラム諸国がオーストラリア産の食肉を受け入れやすいようにしているのである。

制度を詳細に検討すると、ハラルの判断は宗教団体、食肉衛生の判断は国

図表 8-6　主なイスラム諸国における日本からの輸出牛肉等の受入れ状況

国名	牛肉	豚肉	鶏肉
インドネシア	輸出可（動物検疫所検査、2国間協議条件）	未協議	協議中
マレーシア	輸出可（動物検疫所検査:2国間協議条件）	輸出不可	協議中
ブルネイ	協議中	未協議	未協議
パキスタン	未協議	未協議	協議中
バングラデシュ	輸出可（動物検疫所検査：相手国条件）	未協議	協議中
アラブ首長国連邦	輸出可（動物検疫所検査：2国間協議条件）	輸出可（動物検疫所検査：相手国条件）ドバイのみ	協議中
オマーン	輸出可（動物検疫所検査：相手国条件）	未協議	未協議
カタール	輸出可（動物検疫所検査：2国間協議条件）	未協議	未協議
クウェート	協議中	未協議	未協議
サウジアラビア	協議中	輸出不可	輸出不可
トルコ	協議中	輸出不可	輸出不可
バーレーン	輸出可（動物検疫所検査：2国間協議条件）	未協議	未協議
レバノン	協議中	未協議	未協議

注：状況は、日々変化するので、農林水産省の最新情報をチェックすること。
出典：農林水産省（2017）から作成。2017年11月7日現在。

が行っているが、国の名でハラル認証を出すという、やや微妙なシステムである。

⑵　制度の概要

オーストラリアは、1983年に、イスラム諸国向け輸出肉のハラルを確保するために、政府管理のイスラム式屠殺制度（AGSMS: Australian Government Supervised Muslim Slaughter Program）を導入している。2009年からは、オーストラリア政府管掌ハラル制度（AGAHP: Australian Government Authorised Halal Program - Guidelines for the Preparation, Identification, Storage and Certification for Export of Halal Red Meat and Red Meat Products）として機

能している。制度の根拠法は、輸出管理法（Export Control Act 1982）及び輸出食肉規則（Export Control（Meat and Meat Products）Orders 2005（2014年改正））で、制度は政府の検疫検査局（AQIS: The Australian Quarantine Inspection Service）の監督下にある。対象は、輸出用の赤肉および赤肉製品だけであり、一般加工食品は除かれる。

AGAHP 制度の要点は、政府が認可したイスラム教団体（AIO: Approved Islamic Organisation）がハラルと判断した食肉を、政府の名で認証することである。認可イスラム教団体（AIO）となるためには、地域のモスクの承認を得ていること、食肉輸入国の承認を得ていることが必要である。図表 8-7 に、認可認証団体のリストを示す。認可イスラム教団体（AIO）は、検疫検査局（AQIS）の監督を受け、イスラム教徒の屠畜人（Authorised Muslim Slaughtermen）を公認し、研修を行い、管理する義務、屠畜施設を定期的に検査する義務を負うている。

ハラル認証の手続き上のプロセスは、食肉輸出者が提出した申請書（RFP: Request For Permit）を、認可イスラム教団体（AIO）がチェックしてサインした後、検疫検査局担当官（AQISAO: AQIS Authorised Officer）がチェックしてサインし、検疫検査局（AQIS）の公式スタンプを押印するという流れである。

重要なことは、ハラル認証およびイスラム教徒の屠畜人に関する宗教的なことは、基本的に、認可イスラム教団体（AIO）に委ねられていることである。政府・検疫検査局は、宗教に関することは間接的に見ているだけであるが、政府の名で認証している。

⑶　日本への応用可能性

日本は食肉の輸出を促進しているが、国家としてハラル認証をするシステムがないので、前述（第８章第２節３）のとおり、現在の実務は錯綜している。日本と同じく非イスラム教国であるオーストラリアの制度を日本に応用することは可能であろうか。

最も大きな問題は、イスラム教団体の認可である。日本には、多数のハラル

図表 8-7　認可されたイスラム教団体（AIO）（オーストラリア）

団体名	州	対象国
Adelaide Mosque Islamic Society of South Australia	SA	M,SP,Q,B
Al-Iman Islamic Society	VIC	M,Q,B
Australian Halal Development and Accreditation	QLD	I,SP,U,Q,B
Australian Federation of Islamic Councils Inc.	NSW	SA,Q,B
Australian Halal Authority and Advisers	VIC	I,M,SP
Australian Halal Food Services	QLD	
Australian National Imams Council	NSW	SP
Global Halal Trade Centre Pty Ltd	VIC	I
Halal Australia Pty Ltd	NSW	SP
Halal Certification Authority Pty Ltd	NSW	U,Q
Halal Certification Council	QLD	SP
Halal Meat Board of Western Australia	WA	SA
Halal Supervisory Board of SA for Saudi Arabia	SA	SA
Islamic Association of Geraldton	WA	
Islamic Association of Katanning	WA	M,Q,B
Islamic Coordinating Council of Victoria	VIC	I,M,SA,Q,B
Islamic Council of Western Australia	WA	
Muslim Association of Riverina Wagga Wagga Inc	NSW	
Perth Mosque Incorporated	WA	M,SP,Q,B
Supreme Islamic Council of Halal Meat in Australia Inc	NSW	I,M,SA,SP,U,Q,B
Western Australia Halal Authority	WA	I,SP
RACS International for Halal Certification Services	NSW	

注：国名の略は以下のとおり。

I: インドネシア、M: マレーシア、SA: サウジアラビア、SP: シンガポール、U:UAE、Q: カタール、B: バーレーン、E: エジプト。

州名の略は以下のとおり。

SA; 南オーストラリア州、VIC: ビクトリア州、QLD: クイーンズランド州、NSW: ニューサウスウェールズ州、WA: 西オーストラリア州。

2017 年 11 月 20 日現在。

認証団体が存在しており、宗教との関係が希薄で、緩い審査をしている団体が少なからず存在している。このような団体のハラル認証が、輸出先国のイスラム諸国で否定されると、日本政府の認証についての信用が失墜する。しかし、政府は、認可に際して、これら団体と宗教団体を区別することができない。区別するためには、団体の宗教の内容に踏みこまざるを得ないからである。オーストラリアでは、国内に30万人のイスラム教徒がおり（諸説がある）、イスラム教のコミュニティによる監視が機能しているため、団体の選別が可能である。日本との大きな相違である。

また、オーストラリアでは、輸送段階でのハラルも、食肉のハラルの要件であり、これををチェックするため、食肉輸送認証（MTC: Meat Transfer Certificate）の確認も行われる。イスラム教徒数の少ない日本では、ハラル食品需要が少なく、専用車の確保は極めて難しい。

第３節　ハラル制度と自由貿易

１．非関税障壁か？

⑴　自由貿易の制限

ハラル制度は自由貿易を制限しているであろうか？非イスラム諸国からイスラム諸国に食品等を輸出するのが難しい現実を考えると、このような疑問がわいてくる。本節では、ハラル制度と自由貿易との関係を、少し詳しく考えてみる。まず本項で、ハラル制度が、どのような形で自由貿易を制限する可能性があるかを述べ、次項（第８章第３節２）で、実務において、ハラル制度のどのような点が貿易制限と受け取られているかを紹介し、さらに次々項（第８章第３項３）で、国際条約の視点から、ハラル制度が自由貿易制限に該当するかを述べる。

自由貿易とは、人、物、金が、国境を越えて自由に動くことである。ハラル制度は、物・サービスを対象としているだけでなく、イスラム金融（第3章第3節5）もカバーするため、やはり、人、物、金の移動に関係する。（ただし、本節では、物の移動に焦点を当てる。）

自由貿易の下では。国内外の企業の公平な競争が行われるため、企業は高品質・低価格の物やサービスの提供に努力をする。その結果、消費者に大きなメリットがもたらされる。逆に、自由貿易が阻害されると、企業努力をする動機がなくなり、消費者は高品質・低価格の製品・サービスを享受できなくなる。ただし自由貿易の結果、競争力のない企業は淘汰され、地域的には雇用の喪失、経済の停滞などの副作用が生じる。もしハラル制度が、非イスラム諸国からの物・サービスの輸入を制限しているのであれば、イスラム諸国の企業を保護することになり、消費者には不利益を与えることになる。

⑵　自由貿易の制限の方法

自由貿易を制限する方法は、図表8-8のように整理される。これらの方法はいずれも、国産品を輸入品よりも有利にする機能を有している。

輸入側の非関税障壁のうち、「最低輸入価格」と「輸入数量割当」は、政府等が輸入品の価格や数量に介入し、輸入品の価格を上昇させる方法である。「国内助成」は国産品の価格を低下させて、輸入品の競争力を減殺させる方法である。

「国内制度」は、法令や規格等で国産品を輸入品よりも有利にする方法である。たとえば、国内企業しかクリアできない規制・基準、海外でクリアすると高コストがかかる規制・基準を設けたり、輸入品の通関に時間がかかる手続きを課したりする方法である。「商習慣」は、海外企業になじみのない国内独特の商習慣を維持して、輸入品の市場開発を困難にさせる方法である。

自由貿易の制限は、輸出国側においても行われる。「輸出補助金」「輸出信用」「国内助成」は、自国の輸出企業に経済的支援を供して、輸出品の競争力を高くする方法である。「国家貿易」「輸出自主規制」は、国家が関与する一種のカルテル行為により、自国製品の交渉力を高める方法である。「食料援助」は無償援助により、競合国の援助対象物資の輸出先を奪う方法である。

非イスラム諸国は、ハラルの食品等を製造・供給するための社会・経済基盤に欠けており、食品等をイスラム諸国に輸出することが難しい。外形上、ハラル制度は「国内（イスラム諸国内）企業しかクリアできない規制・基準、国外でクリアすると高コストがかかる規制・基準」に該当する。したがって、ハラル制度が自由貿易を制限するとすれば、非関税障壁の輸入側（イスラム諸国）の「国内制度」および「商習慣」に位置付けられる（図表8-8に網掛けをしてある）。

⑶　非関税障壁としてのハラル制度

「国内制度」には、法律、規格、基準などがあり、政府だけでなく業界団体や民間組織が定めるものもある。ハラル制度は、宗教機関の定める制度である。前述（第7章第1項1（3））のとおり、その内容は、政教一致原則の下で、法律にも書かれることがあるので、公的な制度の外形をしている。

「国内制度」は一般に、環境、衛生・保健、安全、保安、文化、教育、弱者の保護などの公益的な目的を有するため、国内産業の保護すなわち貿易障害という負の側面が見えにくくなる。また、負の側面が表面化しても、美しい公益的な目的の故に、海外から非難しづらく、制度の改廃に対する国民の支持を得ることも難しい。たとえば、他国の技術では対応できない厳しい環境規制が、自由貿易を阻害していても、環境保全という目的の故に、同規制を見直すことは難しい。ハラル制度は、イスラム諸国において絶対的な価値を有するイスラム教の教えを具現化している。したがって、かりにハラル制度が自由貿易を阻害するとしても、イスラム諸国が制度を見直す可能性は小さい。

2. 外国貿易障害報告

⑴　概要

現実のビジネスにおいて、ハラル制度のどのような点が自由貿易の制限と受けとられているかを、米国通商代表（USTR: United States Trade Representa-

図表8-8　自由貿易の制限方法とハラル制度

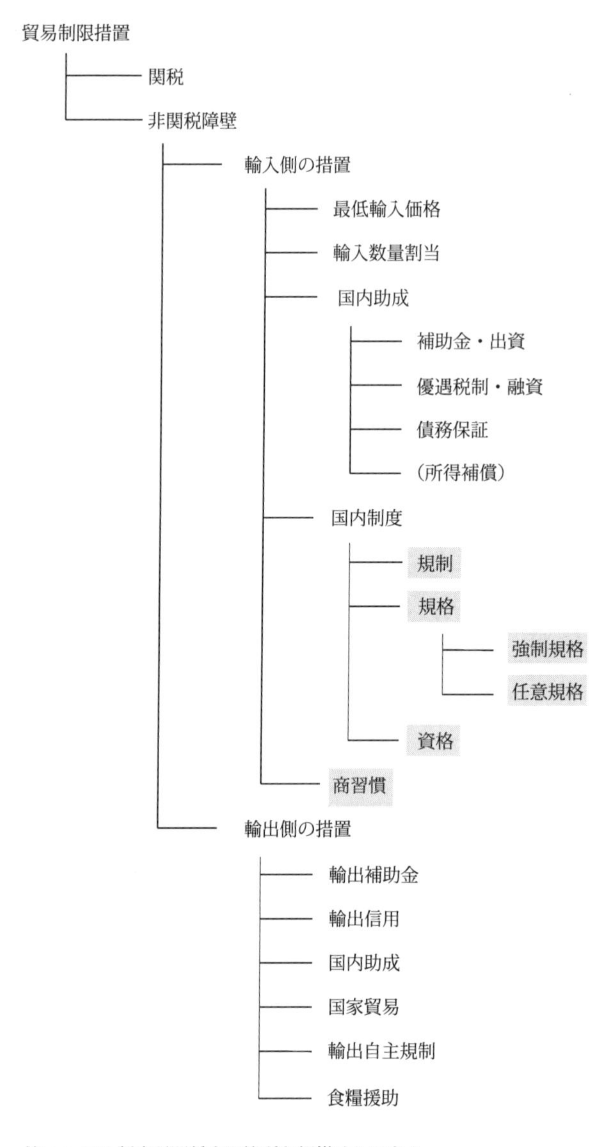

注：ハラル制度が関係する箇所を網掛けしてある。

tive）の2018年外国貿易障害報告書（NTEレポート：2018 National Trade Estimate Report on Foreign Trade Barriers）で見てみる。NTEレポートは、米国にとって貿易障害となる事案を国別にリストアップしており、毎年公表されている。レポートの中で、ハラルに関する指摘はごく少数であるが、ハラル制度とビジネスとの関係の構図をよく示している。

内容の大半が、食肉の輸出の事案であり、加工食品に関する事案は少ない。各国のハラル関連の新法令・新制度についての指摘もいくつか見られる。とくにインドネシアのハラル製品保証法については、ここ数年継続して指摘をしている。例年のことではあるが、マレーシア、ブルネイのハラル制度が厳しすぎると指摘している。10年程度前は、USTRは、認証の更新のための海外現地調査が実施までに3年以上かかるケースがあると、繰り返し指摘してきた（USTR, 2004, 2005, 2006, 2007, 2008）が、最近はそのような指摘は見られない。リストの中には、ハラル制度の本質を理解していない事案、非イスラム諸国の価値観に基づく一方的な評価をしている事案もあるが、それらも含めて、おもな指摘を紹介する。

⑵　個別の指摘

第1に、ブルネイである。同国のハラル制度およびその運用が世界で最も厳しいものの1つであると指摘している。具体的には、次の点を挙げている。Nonハラル食品は、隔離された店舗の指定の部屋あるいはNonハラル専用レストランで販売・提供すべきこと。食品・飲料を製造・供給・提供する企業はハラル認証を取得すべきとする規制が、2017年に施行されたこと。ハラル食肉法（Halal Meat Act）が、食肉の輸入者・国内販売者はイスラム教徒に限るとしていること。ハラル食肉は、常時Nonハラル食肉から隔離すること、屠畜施設のハラル認証の有効期間が1年であること。

第2に、エジプトである。同国が、鶏肉の輸入について、冷凍した丸鶏のみを許可しており、ハラルを理由として、各部位や内臓の輸入は禁止していることを指摘している。

第３に、インドネシアについては、前述（第７章第１節５）のハラル製品保証法の今後の動向を監視するとしている。筆者と同様に、当局による方針の変更もあり、具体的な運用方法が不透明なことを懸念しているようである。また、2014年に成立した、医薬品のハラル認証を求める法律についても、これが市場アクセスに影響しないかを監視するとしている。

第４に、クウェートである。同国が、米国でハラル認証された加工牛肉・七面鳥の輸入を大量に拒否したことを指摘している。拒絶の理由は豚成分が検出されたことであるが、米国で輸出前に実施したDNA試験では豚成分は検出されなかったとしている。また、食肉の輸出に際して、クウェートの公認イスラム団体からのハラル認証を要求していることも指摘している。

第５に、マレーシアについては、食肉・鶏肉のハラル規格（MS1500）が、CODEXの規格に比べて厳しいと指摘している。具体的には、屠畜施設をハラル専用とすること、輸送・保管施設もNonハラルの物から隔離することを挙げている。また、国産輸入を問わず、すべての食肉は、マレーシア当局のハラル認証を取得すべきとしていることを指摘している。2018年に発生した個別案件として、マレーシアが、米国内の３つの七面鳥の処理施設をハラル規格不適合としたこと、米国内の２つのハラル認証団体を公認しなかったことを指摘している。また、医療機器のハラル規格案に対し、その対象範囲が広く、企業に高いコスト負担を強いる恐れがあると指摘している。

第６に、カタールが、米国からの輸入書類は、在米カタール大使館・総領事館、商工会議所の認証を受けるべきとしていることについて、負担が大きく、コストもかかると指摘している。牛肉・鶏肉の輸出に際して、カタールの公認イスラム当局からのハラル認証を要求していることも指摘している。

第７に、アラブ首長国連邦については、米国の認証団体の公認を取り消したこと、米国農業生産者に対して、ハラル農産物の輸出制限を継続していることを指摘している。

3. TBT 条約との関係の概要

⑴　TBT 条約

前項で述べたように、ビジネスの実務では、ハラル制度が自由貿易を制限しているとの指摘がある。また、ハラル制度をめぐって、イスラム諸国と非イスラム諸国の間で、国際的な通商トラブルが多発してきた（第 4 章)。そこで、国際条約の視点から、ハラル制度が自由貿易を制限しているかを考える。具体的には、マレーシアのハラル制度を事例として、ハラル制度がどのように貿易上の障害になるかを、WTO の貿易の技術的障害に関する協定（TBT: Agreement on Technological Barriers to Trade）に基づき検討する。TBT に基づき検討するのは、図表 8-8 に示したように、ハラル制度が規制、規格とその表示を内容としており、TBT が想定する制度であるからである。

以下では、TBT の各条項が求める自由貿易の要件に照らして、マレーシアのハラル制度が TBT に抵触しているか否かを、逐条検討する。TBT は 3 つのことを規定している。第 1 に、規格（強制規格、任意規格の両方を含む、以下本項同じ）の内容が、第 2 に、規格適合性の審査手続きが、それぞれ外国企業にとって不公平・不利にならないことである。第 3 に、規格の制定に際し、国際機関等への通報などの手続きをとることである。ここでは、前の 2 つ、「規格の内容」と「審査手続」を検討する。

結論は、⑹ で記述するが、ハラル制度の内容・運用は、TBT に違反はしないが、疑義のある論点がいくつかあるということである。なお、本項は、拙稿（並河, 2011b）の要点を記述しているが、その後の研究により数か所を修正している。

⑵　強制規格・任意規格、審査手続きに共通の条項

第 1 に、TBT（条項番号 2.1, Annex3.D, 5.1.1）は，強制規格，任意規格，審査手続きのいずれにおいても最恵国待遇，内国民待遇を求めている。

総則的な規定である。最恵国待遇とは、すべての外国（企業）を国により差別しないで、平等に扱うという意味であり、内国民待遇とは外国（企業）と

自国（企業）を平等に扱うという意味である。ハラル規格及び同規格を援用する輸入規制法令には，特定国を優遇する規定，国外と国内を区別する規定はない。審査手続きにおいても同様である。ただし、制度の文言上は、差別はないが、第５章に示したように、非イスラム諸国にとって事実上の負担になる規定がいくつかある。

第２に，TBT（2.2, Annex3.E, 5.1.2）は、規格、手続きを、貿易障害の目的で制定しないことを求めている。同条項は、強制規格については、最小限の貿易制限であること、正当な目的であることも求めている。正当な目的として、国家安全保障、詐欺的行為の防止、人の健康・安全、動物・植物の生命・健康、環境保全を例示している。

ハラル制度の目的は、ハラル食品に規格適合の表示をさせて、イスラム教徒の消費者がハラルでない食物を摂取することを防ぐことにある。制度の目的は消費者の保護であり、国内産業の保護を隠れた目的とする貿易障害ではないのは明らかである。

強制規格の目的の正当性については、検討が必要である。ハラル制度の中で強制規格は食肉処理方法である。ハラル制度において、不適正処理の食肉の輸入禁止の（正当な）目的は何かという問題である。不適正処理された食肉は宗教的に「不浄」とされるため、もしこれを「不衛生」な食肉と解すれば、例示の正当目的である「人の健康・安全の保護」に該当することになろう。しかし宗教的な「不浄」の概念を、科学的な「不衛生」の概念で読めるかについては、議論の余地がある。ただし、「不潔」なものは、医学的な意味では健康被害を惹起しなくても、実務的には「不衛生」とされることを考えれば、少なくともハラル規格が TBT に抵触するとまでは言えない。

第３に、TBT（2.4, Annex3.F, 5.4）は、国際規格等が存在する時には、国際規格等を国内規格の基礎とすることを求めている。

ハラルの国際規格として、CODEX のガイドライン General Guideline for Use of the Term “Halal” (CAC/GL 24-1997）がある。マレーシアのハラル制度は、CODEX ガイドラインと本質的に矛盾する箇所はないが、下記の２点で相違する。

① CODEX ガイドライン（3.3 及び 2.2.1）は、食肉処理と非ハラル食品を同じ施設内の異なるラインで扱う方式を採る余地を残しているが、マレーシアのハラル規格（3.2.8）は、両者を違う施設で扱うことを求めている。

② CODEX ガイドライン（2.2.2）によれば、非ハラル食品の製造に使用されたラインでも、宗教的な洗浄措置をとれば、ハラル食品用に転用可能であるが、マレーシアのハラル規格（3.3.3）は転用を繰り返すことを認めていない。

しかし、国際規格と国内規格の差異を許容する規定がある。TBT（2.4, Annex3.F, 5.4 の各但書き）は、国際規格等が自国規格の目的を達成する方法として効果的でない場合は、国際規格等によらなくてもよいとしている。また、CODEX ガイドラインは、その前書きで、学派によるハラルの解釈に相違を認め、国による制度の差異を許容している。マレーシアの規格は、ハラルの概念を厳格に解して CODEX よりも厳密な運用をしているのであり、この両規定を適用すれば、TBT に抵触しないこととなる。なお、CODEX ガイドラインは簡潔に過ぎて実用に適さないことも、各国別制度を事実上許容している。

第 4 に、TBT（2.4, Annex3.F, 5.4）は、国際規格の制定が間近である時にも、国際規格を国内規格の基礎とすること、TBT（2.6, Annex3.G, 5.5）は、国際標準化機関の国際規格立案への協力を求めている。国際規格の制定・利用を促進する規定である。

OIC の共通規格（第 8 章第 1 節 4）は、議論の余地があるが、制定間近の国際的規格である。マレーシアのハラル規格は、宗教的に厳密で、体系的に成文化されているため、OIC 共通規格の議論の原案として使用されたこともある。したがって、マレーシアの規格は，制定間近の国際規格を基礎としており，また共通規格立案に寄与をしていることになる。TBT に沿った対応である。

第 5 に，TBT（2.8, Annex3.I）は、デザイン又は記述的な特性（design or descriptive characteristics.）ではなく，性能（performance）に着目した規格を求めている。規格適合性の判断に恣意が入るのを防ぐ趣旨である。

ハラル規格は、イスラム教徒にとって重要な「品質＝性能」を，食品の成分、製造・保管の施設・方法などの物理的な要素に着目して規定しており、規格の文面上は、判断基準は定型化されている。

しかし、そもそもハラルは物に対する概念ではない。ハラルは物の来歴を通して見えるイスラム教徒の行為を評価している。また、判断基準そのものをシャリア法に委ねており、しかもシャリア法の該当する内容を示していない箇所もある。たとえば、前述（第2章第1節10）のとおり、食品のハラル規格（MS1500-2009）には、包装･容器のデザイン、サイン、シンボル、ロゴ、名称、画像は､「シャリア法」に反しないここと（3.7.1（e))、広告についても､「シャリア法」の原則に違反せず、「シャリア法」に反する下品な内容を表示しないこと（同3.7.7）という規定があり、その「シャリア法」の内容は具体的に示されていない。したがって、ハラル規格は、性能（performance）に着目した基準を有しているかは議論の余地がある。ハラル規格はTBTのこの条項に抵触するかもしれない。

⑶　強制規格に特有の条項

ハラル制度の中で強制規定である食肉に関する規定を、TBTの強制規格に関する条項に照らして検討する。

第1に、TBT（2.3）は、強制規格制定の契機となった事情・目的の変更にともない、規格を（貿易制限的でない内容に）緩和することを求めている。

強制規格である食肉処理法は宗教的教義と不可分であり、その考え方が時代とともに変化することはなく、今後も変化することはありえない。ハラル制度がこの規定に抵触することはない。

第2に、TBT（2.7）は、他国の強制規格が自国と異なる場合でも、当該他国の強制規格の受け入れ（に積極的な考慮を払うこと）を求めている。

マレーシアは、他のイスラム諸国の食肉のハラル認証を受け入れているので、マレーシアの規格がこの条項に触れることはない。非イスラム諸国に対しては、マレーシアが公認した屠畜施設で処理することを求めており、このことは輸出国企業に負担を課すことになる。ただし、非イスラム諸国は食肉のハラルについての強制規格を有していないので、この規定は適用されることはない。そもそも 2.7 の規定は一種の努力規定で、他国の規格の受入れに「積極的な考慮を払えばよい」としている。また、2.7 の但し書きは、他国の強制規格では自国の強制規格の目的を達成できないときには、他国の規格を受け入れなくてもよいとしている。したがって、ハラル規格は法的には TBT の本条項に抵触することはない。

⑷　任意規格に特有の条項

TBT（Annex3.H）は、国内に複数の任意規格が存在しないことを求めている。

ハラル規格は学派の違いにより、国内に複数の規格が存在する可能性がある。しかし、マレーシアでは、スンニ派のシャーフィー学派が国内を完全に支配しているので、ハラル規格は同国内で唯一の規格である。

⑸　審査手続きの条項

第１に、TBT（5.2.1）は、審査の順番の公平性、迅速な審査を求めている。

ハラル制度は、審査について国内外を区別する規定を設けていない。政府は、審査は申請から２週間から１カ月で始まると説明している。前述（第８章第３節２（1））のとおり、かつては、認証機関による米国内施設のハラル認証（更新）の日程が遅くなるとのクレームが多かったが、現在は見られない

第２に、TBT（5.2.2）は、標準的な審査期間等の公表、書類に形式的な不備がある場合の申請者への通知等を求めている。

ハラル制度は、書類に不備のある申請書は、手数料の納付前に却下し、再申請の機会を確保している（第２章第３節１の図表 2-5）。しかし、審査期間を明示しておらず、この点では、軽微ではあるが、TBT に抵触している。

第３に、TBT（5.2.3）は、申請者に要求する情報は審査に必要なものに限ることを求めている。

ハラル制度の申請様式は、①会社・工場の情報、②品質保証・管理システ

ムの情報、③製品の情報、④原料の情報を要求している。議論となるのは④原料の情報である。制度は、すべての原料の詳細情報を要求している。原料納入者・製造者の情報、各原料のハラル認証の有無だけでなく、原料生産のフローチャートも要求している。同じ食材が種々の動物から生産されること、加工された原料の由来は外観からは判別できないことを考えれば、生産フローチャートは審査に必要な情報である。したがって、このような原料情報の開示がTBTに抵触することとはならない。

ただし、現実には、原料情報の開示は、非イスラム諸国の企業にとっては対応が困難なケースが多い。原料がハラルであることを確認するには、原料納入者の協力が必須である。しかし非イスラム諸国では、原料納入者はハラルに関する認識が希薄であり、企業秘密に係ることの多い生産フローチャート提出には消極的である。

第4に、TBT（5.2.4）は、審査手続きで得られる秘密情報保護の取扱いで、国内外の差別しないことを求めている。

申請様式は、国内外の企業を平等に扱っている。JAKIMの職員には、国内外の別なく守秘義務が課せられている。

第5に、TBT（5.2.5）は、審査手数料を、国外品と国内品で実質的に差別しないことを求めている。

マレーシアのハラル制度では、申請に要する費用（認証費用と2年間の登録費用）は、前述（第2章第3節1（3））のとおり、国内企業（大企業）は2,000リンギット、ASEAN諸国は2,100リンギット（約52,500円）、ASEAN諸国以外は2,100US$＋現地調査費用（実費：調査員の交通費・宿泊費）となっており、若干の差がついている。しかし、内外で現地調査の費用に差がある（たとえば調査員の拘束日数が長くなるので人件費が大きくなる）ので、「実質的」に差があるとは言えないと考える。

第6に、TBT（5.2.6）は、審査を行う施設は申請者の負担にならない場所であること、サンプル抽出に際して申請者に負担をかけないことを求めている。

ハラル制度は、プラントごとの審査を原則としており、現地調査及びサンプルの抽出は、プラントある生産施設等で行われる。管理者との面接も同施設で行われるため、企業側が認証機関に出頭する必要はない。国外の申請者についても、自国施設に調査員が来る。したがって、国外企業の時間的な負担、業務への影響が、国内企業よりも大きいとは言えない。

第 7 に、TBT（5.2.7）は、単なる製品仕様の変更の場合の審査手続きは、適合の継続性の判断のために必要なものに限ることを求めている。

マレーシアでは、製品仕様変更の場合には認証機関に報告し、必要がある場合のみ、再審査が行われる。原材料の変更、製造工程の変更の場合も同様である。基本的には、TBT の規定に沿った運用である。

第 8 に、TBT（5.2.8）は、審査に対する不服処理手続き、審査の是正手続きの整備を求めている。

マレーシアの制度では、シャリアパネルので却下された場合でも、再申請が可能であり、現地調査で不備が指摘された場合には、是正措置を講じて再度現地調査を受けることができるとしている（第 2 章第 3 節 1 の図表 2-5）。

⑹　ハラル制度と自由貿易

マレーシアのハラル制度は、軽微な点を除き、国際法上は貿易障害となる内容を含んでいない。ただし、非ハラル食肉の輸入禁止措置（事実上の強制規格）の目的が正当であるか、性能に着目した規格であるかについては議論の余地がある。

現行の国際法上は問題とはならないが、より大きな国際貿易上の問題が残されている。それは、制度の強い宗教性の故に非イスラム国の企業にとって実務的に対応が難しい内容の存在、規格の国際的互換性の欠如などの問題である。しかもこのような議論をする国際的な枠組みがないのが現実である。ハラル制度と自由貿易との関係は議論されてこなかったが、非イスラム諸国との貿易・投資の拡大に伴い、国際的に幅広い議論が行われる可能性がある。議論の展開は、ユダヤ教のコーシャ制度など宗教を背景とする他の制度にも影響を与えるであろう。

4. ハラル制度の投資誘致効果

(1) ハラル制度の投資誘致効果

食品等の企業にとって、イスラム諸国は魅力ある市場である（第10章第2節）。しかし、ハラルの概念・ハラル制度が存在するが故に、イスラム諸国への食品等の輸出は極めて難しい（貿易制限機能）。このため、非イスラム諸国の企業は、後述（第10章第3節）のとおり、イスラム諸国に直接投資を行い、現地に工場を立地する方法を選択する。イスラム諸国内でハラル製品を製造し流通させること、その製品のハラル認証を取得することは、極めて容易であるからである。このことは、ハラルの概念・ハラル制度の存在は、海外企業の投資を誘致する機能（投資誘致機能）があることを示している。

マレーシアが、ハラル・ハブ（Halal Hub）政策を始めたのは、ハラル制度の貿易制限機能、投資誘致機能に着目したからである。ハラル・ハブ政策とは、ハラル制度を活用して、世界のハラルビジネスの中心地となり、食品関連の外国企業の投資促進・企業誘致を図り、生産された製品のイスラム圏への輸出を促進する政策である。これにより、非資源エネルギー産業の育成、雇用の拡大、外貨の獲得そして経済成長を図ろうとしている。

同政策は、マレーシア政府の第3次工業化マスタープラン（IMP3: Industrial Master Plan 3, 2006 ～ 2020）、第3次国家農業政策（NAP3: National Agricultural Policy 3）の中で打ち出された。その背景には、マレーシアは、東南アジアにおける国外企業の誘致競争で、タイ、インドネシアの後塵を拝してきたという事実がある。マレーシアは、人口が少ないため市場が小さいという弱点、イスラム諸国でありビジネスを進めにくいという弱点を有していたからである。当時は、非イスラム諸国の企業は、ハラルとは何かが分からず、イスラム市場に漠然たる不安を持っていた。そこで、マレーシアは、人口の少なさをカバーするために、ハラル制度を活用して自らを巨大な世界のイスラム市場へのゲート・ウェーと位置づけたのである。そして、非イスラム諸国の不安を解消すべく、体系的で、わかりやすい、英語で書かれたハラル制度を制定したのである。マレーシアの公用語は英語であること、準先進国として欧米的なビジネス環境にあることで、同じイスラム諸国のインドネシアよりも優位にあるとの判断もあった。これにより、ハラルの概念・ハラル制度の投資誘致機能が、一気に発揮されて、イスラム市場に耳目が集まった。海外企業に向けた当時のキャッチフレーズは、「マレーシアに投資をし、工場を作れば、巨大なイスラム市場を開発できる」というものであった。（並河，2011a）

非イスラム諸国の企業はイスラム諸国への輸出の難しさに苦慮しており、ハラル制度の改善を要望している。しかし、海外から食品等が大量に流入すると、自国産業の発展が阻害されて、政策目的を達成できない。イスラム諸国にとっては、自国への輸入の難しさこそが投資誘致のための最も重要な要素である。したがって、イスラム諸国は、輸出の難しさを改善する意思はまったくないであろう。

ただし、ハラルの概念・ハラル制度の持つ貿易制限機能は、すべてのイスラム諸国に共通である。したがって、マレーシアに立地した企業から、他のイスラム諸国への輸出は、必ずしも容易ではない。この意味では、世界のイスラム市場へのゲート・ウェーという言葉は実態を反映していない。

⑵　ハラル・ハブ政策の骨子

マレーシアのハラル・ハブ政策の中で最も重要な施策は、もちろん、海外企業が理解しやすいように、英語で書かれた、わかりやすいハラル制度を構築することである。そのほか、以下に示す、いくつかの施策が講じられた。その多くは、海外からの投資の誘致、海外企業の工場立地の促進を目的としている。

第1は、ハラル産業開発公社（HDC：Halal Industry Development Corporation）の設置である。HDCは宗教機関ではなく、政府系の機関である。HDCの主な役割は、①ハラル産業の振興、②ハラル産業への海外からの投資の誘致、③ハラル産業の海外進出支援、④ハラル産業のための立地支援、⑤マレーシアのハラル・ブランド製品の市場開発、⑥ハラル制度の広報・普及などとなっている。②と④は海外企業の直接投資の誘致を目的とする施策である。HDCは、

JAKIMと異なり、宗教色が薄い産業振興機関であるため、非イスラム諸国の企業がコンタクトする窓口となっている。HDCは、一時期（2006年9月～2009年7月）、ハラル認証の申請先であったが、現在は、ハラル制度の支援機関に特化している。

第2は、ハラル産業専用工業団地（ハラル・パーク：Halal Park）の建設、第3は、ハラル・パークで操業するハラル企業に対する税制上の優遇措置である。優遇措置は輸出型企業に対して厚くなっている。この2点は、第3章第3節4で詳述した。第4は、ハラル・トレーニング・プログラムである。ハラルに馴染みのない非イスラム諸国の企業等に対する専門的な研修の供与である。第5は、マレーシア国際ハラル見本市（MIHAS: Malaysia International Halal Showcase）の毎年開催である。2018年開催のMIHASでは、国外からの来場者数は72か国から約21,000人、出展企業数は32か国から778社であった。

第9章 ハラル制度の変化

第1節　ハラル制度の変化とは

ハラル制度の根本にある「ハラルの概念」は、イスラム教という宗教を基礎とするため、その基本部分は世界共通であり、時代とども変化することはない。前述（第1章第1節3）のハラルの概念の4つの法源のうち、第1の法源：イスラム教の聖典であるクルアーン（コーラン）に書かれたこと、第2の法源：ハディース：イスラム教の預言者の言行録は、いずれも、時代とともに変化することはない。しかし、時代とともに出現する新たな事象に対応するため、聖典（クルアーン）や言行録（ハディース）に基づくファトワによる合意（イジュマアウラマー）、解釈や類推（キヤース）がなされる。それらが、「ハラルの概念」の外形に加わり、「ハラルの概念」は表面的には変化したように見える（正確には「変化」ではなく「拡大」ないし「応用」）。重要なことは、このような表面的な変化があっても、「ハラルの概念」の本質は変わっていないということである。

「ハラル制度」は、現世の人間が「ハラルの概念」に基づき、これを文章化して作り上げたものである。したがって、「ハラル制度」は、「ハラルの概念」の本質を忠実に表現するだけでなく、文章化された時点の、表面的に変化した「ハラルの概念」も表現している。「ハラル制度」が変化するということは、制度が独自に変化するのではなく、「ハラルの概念」の変化を反映しているという意味である。「ハラル制度」の変化は、イジュマアウラマーやキヤースにその根拠を置いているのである。

ただし、制度だけが独自に変化したように見えることがある。第1は、制度化されていなかったことが、新たに制度化された時である。第2は、ハラル制度の実行（ハラル認証）段階で、企業実務と「ハラルの概念」のギャップを埋める運用がなされた時である。なお、非イスラム諸国において、営利目的で、ハラルの概念とはかけ離れたハラル認証が行われることがあるが、これはハラル制度の変化ではなく、まったく別の問題である。

正確に言えば、ハラル制度は変化してこなかった。ハラル制度が現在のような形で制定されたのは、最近20年のことであり、大きな制度改正は行われていないからである。ハラル制度はこれから変化するのである。「ハラル制度」は「ハラルの概念」の表面的な変化を反映して、変化していくのである。「ハラルの概念」の表面的な変化をもたらす要因は、間接的に、「ハラル制度」の変化をもたらす要因でもある。そのような要因は、技術進歩、経済の変化、社会の変化、政治の変化である。

第2節　変化の要因

⑴　技術的要因

ハラル制度が、技術進歩により変化しうることは、過去のいくつかの例に表れている。制度の変化の態様は、新らたに登場した製品・技術がハラルであるか否かの判断という形である。

第1に、新製品の登場である。多くの例がある。新しい酒類が登場すると、酔わせるもの（khamr）からの類推で、ハラムとされる。ドラッグ、コカイン、ラム、ビールなどは、前述（第1章第1節3）のとおり、禁止物とされた。

遺伝子組み換え技術は、ごく最近になって産業に導入された技術であり、同技術を利用した作物や食品類はハラルではないとされる。古い時代には存在しなかった合成アルコールは、酒と同じエタノールであるが、食品機械の洗浄（第２章第２項１（2））や医薬品（第３章第２項２（4））に使用することは可能と判断された。最近では、インターネットが許容できるか（ハラルであるか）についての議論がなされている（山本，2014）（国際大学，2014）。2016年７月に、サウジアラビアの聖職者がゲームソフトのポケモンGoがハラムであると発言したとの複数の報道がある（Arab News, 2016）（The Guardian, 2016）。情報が錯綜しているが、このことは、新製品が出ると、すぐに、それがハラルであるか否かの議論が生じることを示している。

第２に、新技術、新プロセスの登場である。屠畜プロセスにおける電気ショックの利用が好ましくないとする判断は、電気が発明されてからのものである。化学合成を経る場合の派生物についての判断も、合成化学技術が普及してからの判断である（第６章第１章４）。

⑵　社会・経済的要因

社会・経済・政治の変化は、ハラル制度に大きな影響を与える。ハラル制度の変化の典型的な態様は、ハラル制度のなかった国での制度の創設、新しい分野のハラル制度の創設である。

経済の変化の中で、最も大きな要因は、経済成長である。経済が成長することにより、経済のグローバル化が進み、国民の購買力が高まる。その結果、新しい物やサービス、新しい思想が流入するため、ハラルを制度化する国が出てくる。イスラム諸国の集中する中東でも、アラブ首長国連邦がハラル制度を設けたのは、その例である。また、経済成長に伴い、観光旅行もが活発になるため、ホテルや旅行業のハラル制度が創設されている（第３章第３節２）。そして、国民が豊かになることにより、心の癒しに関連する新商品へのニーズも生じてくる。写真9-1に、猫用のハラル・シャンプーのポスターを示す。

社会の変化により、新しい業態が発生すると、ハラルか否かの判断がなされ

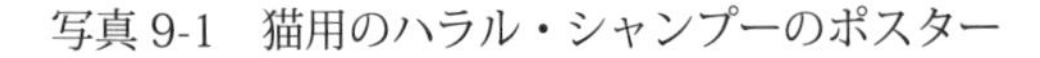

写真 9-1　猫用のハラル・シャンプーのポスター

注：左下にマレーシアのハラル認証マークがある。
　　2017 年 4 月、筆者撮影。

る。マレーシアでは、カラオケ施設や娯楽施設は、提供する食事の如何を問わず、そもそもハラル申請することができないとされている。

新しい経営形態の普及により、ハラル制度が影響を受けることもある。ハラムの物を扱っている企業はハラル申請する資格がないが、この規定は、多角化経営、M&A の普及を背景としている。

前述（第 4 章第 1 節 4）のインドネシアの煙草論争は、経済がハラル制度に与える事例である。たばこをハラムとすることに疑念を示す地方のファトワの論拠に、労働者の雇用や地域経済に対する配慮が入っている。

政治が与える影響は、中央アジア（中国領は除く）のイスラム諸国 5 カ国の中で、最もイスラム教比率が高い（約 99%）タジキスタンに見ることがで

写真 9-2　ハラル？の居酒屋

注：シンガポールのイスラム街
　　これは、さすがに「冗談」か？
　　2018 年 8 月、筆者撮影。

きる。タジキスタンでは、ソビエト連邦時代には、ハラルの概念が、表面的に変化し、それが独立後の現在も残っている。アルコール飲料は、陳列コーナーは区分されているが、市中で売られている。そして、ソビエト連邦時代に育った高齢者の飲酒率は、相対的に高い傾向にある。ソビエト連邦時代には、他の宗教と同様に、イスラム教は抑圧されていたためか、高齢者は、非イスラム的なものに対して寛容な傾向がある。喫煙率も高く、半分以上の人が喫煙（口に入れる煙草を含む）しており、煙草のハラル性についての意識は低いようである。しかし若者は、国民的なアイデンティティを宗教に求めるためか、イスラム教に対する関心は高い。

ハラルは、本来は、イスラム教徒に向けた規律であるが、ハラル制度は、非イスラム諸国の企業も対象としている。しかし、非イスラム諸国では、宗教的な基盤がないため、ハラル制度が導入されると、ハラルの概念を無視したハラル認証制度が横行することになる。この状態は、上述（第９章第１節）のハラルの概念の「表面的な変化」ではなく、ハラルの概念の変質である。「ハラル」のカラオケ店、「ハラル」の居酒屋（写真 9-2)、酒類を提供する「ハラル」のホテルなど枚挙にいとまがない。今後のトラブルを懸念する。

第10章
海外のイスラム市場開発

第1節　ハラルブームの背景

1. ハラルブームの構図

日本国内では、2006年頃から、食品のイスラム市場に対する関心が高まり、それ以来、いわゆるハラルブームが続いている。イスラム市場とは、イスラム諸国の市場および非イスラム諸国（日本を含む）のイスラム教徒の市場である。関心を示している産業は、食品産業が中心であるが、その他の製造業、農畜産業、外食産業、流通産業、輸送産業さらには、試験分析機関、自治体にも及ぶ。

食品以外の製造業で、イスラム市場に関心を示しているのは、化粧品、医薬品、トイレタリー、化学などの産業である。前述（第3章第2節）のとおり、一部の国において、ハラル制度が、食品以外のこれらの製品にも広がりつつあるからである。製造業のうち大企業は海外のイスラム諸国の市場を目指しているが、中小製造業はおもに国内市場に関心を示している。農畜産業では、畜産業は高級和牛、農業は高付加価値農産品について、自治体と連携して、イスラム諸国の市場開拓を試みている。ただし、農産物は基本的にハラルであるので、ハラル対策は不要である。外食産業では、大企業は、イスラム諸国の大都市での店舗展開を進めており、中小企業あるいは個人経営者は、国内のイスラム教徒向けのレストランに焦点を当てている。大学生協は、留学生向けのメニューの提供を進めている。流通関係では、大企業はイスラム諸国での大規模店舗展開を進めており、個人企業は国内のイスラム教徒向けの店舗営業を行っている。輸送業でも、海外でハラル認証を取得している大企業がある。なお、ハラル認証団体の乱立にも、ハラルブームを見ることができる。

日本でハラルブームが生じた背景には、第1に、国内の要因として、国内の食品市場の飽和、食品会社の体質の変化、経済・社会のグローバル化がある。これらについては、次項（第10章第1節2）で詳述する。第2の要因は、海外イスラム食品市場規模が拡大しており、魅力ある市場になっていることがある。海外市場の魅力は次々項（第10章第1節3）で、詳述する。国内のイスラム市場は小さく、それほど魅力はないが、この点については第11章で詳述する。なお、世界の食品産業が、ポスト中国市場として、イスラム市場に関心を示してきたが、ハラルブームと言われる狂騒状態になっているのは日本だけである。

2. 国内食品産業の状況

(1) 国内食品市場の停滞

日本国内の食品市場の規模は、ここ30年間は、伸び率が著しく小さくなっており、今後も、その拡大を期待することはできない。このことが、食品産業がイスラム諸国の市場に進出するための大きなプッシュ（背中を押す）要因となっている。

食品産業の市場規模は、人口規模と1人当たりの食料消費支出額により決まる。日本の人口（日本人と在日外国人の計）は、2010年（1億2806万人）をピークに減少に転じている。今後も、人口の減少傾向が続くのは確実である。また、食料消費支出も、伸びる余地はほとんどない。ほとんどの日本国民は栄養状態も良く、豊かな食生活を送っており、食料消費支出を増やす状況にはないからである。むしろ、健康のために、食品摂取量を減らす傾向にある。食料消費支出（2人以上の世帯の1人1か月の支出）は、図表10-1に示すよう

図表 10-1　1 人 1 月当たり食料費支出（日本）

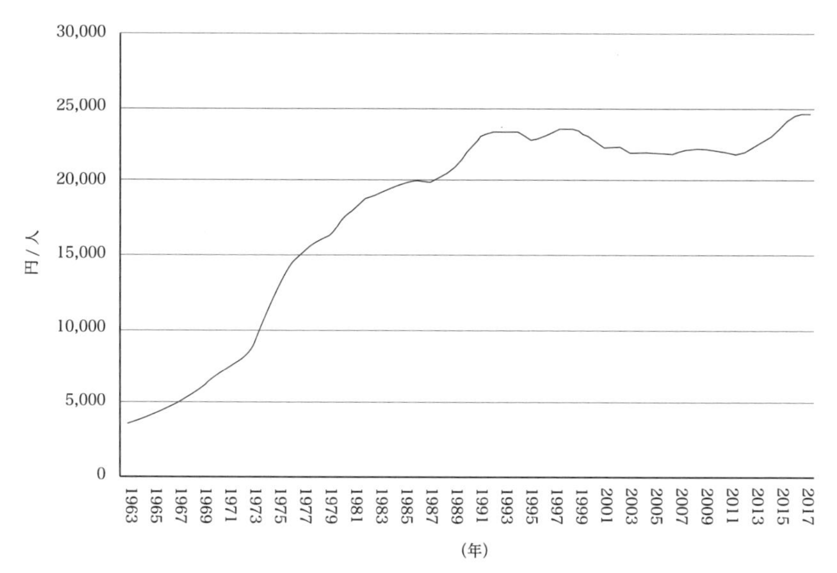

注：食糧費支出は、2 人以上の世帯の 1 人 1 か月当たりである。
出典：総務省統計局（2019）から筆者作成。

に、1963 年の 3,621 円から高度経済成長の波に乗り急上昇して 1988 年には 20,433 円と 2 万円を超え、バブル経済崩壊直前の 1991 年には 23,006 円に達した。その後の伸びは小さく、2017 年は 24,590 円にとどまっている。（総務省統計局，2019）今後も継続的に食料消費支出が増加することは考えられない。

国内の食品市場規模は、図表 10-2 に示すように、2003 年から 10 年間は、ほとんど伸びず、40 兆円（その内、加工食品は約 30 兆円）程度で推移してきた。2013 年以降はいわゆるアベノミクスに伴う企業業績の上昇を背景に、食品市場規模は拡大して 2018 年には約 44 兆円（同 33 兆円）となっている。（注：ここでは計算の基礎となる食料費支出は、「総世帯」の値を使用している。）しかし家計は苦しくなっており、1 世帯の全消費支出は、2003 年の年間 320 万円から減少を続けて 2018 年には 296 万円になっている。また、中国経済の

図表 10-2　日本の食品市場規模の推移

	単位	2003 年	2008 年	2013 年	2018 年
1 世帯消費支出	円 /（年・世帯）	3,197,186	3,135,668	3,018,910	2,956,782
1 世帯食料費支出	円 /（年・世帯）	813,349	800,434	780,450	813,023
生鮮食料	円 /（年・世帯）	217,811	208,146	198,220	203,565
米	円 /（年・世帯）	30,310	25,424	22,672	19,374
生鮮魚介	円 /（年・世帯）	48,861	42,201	36,430	32,586
生鮮肉	円 /（年・世帯）	45,649	49,702	48,235	55,847
卵	円 /（年・世帯）	6,630	7,222	6,689	7,579
生鮮野菜	円 /（年・世帯）	53,774	52,595	54,446	58,210
生鮮果物	円 /（年・世帯）	32,587	31,002	29,748	29,969
加工食品	円 /（年・世帯）	595538	592288	582230	609458
世帯人数	人 / 世帯	2.62	2.52	2.44	2.33
総人口	千人	127,619	128,084	127,293	126,417
食料市場規模	兆円 / 年	39.62	40.68	40.72	44.11
生鮮品	兆円 / 年	10.61	10.58	10.34	11.04
加工食品	兆円 / 年	29.01	30.10	30.37	33.07

注：総人口は日本人以外も含む。
出典：総務省統計局家計調査、人口推計から筆者作成。筆者推定値を含む。世帯は総世帯。

成長の鈍化、米中の貿易摩擦もあり、世界経済の先行きが不透明になっている。このため、国内の消費支出が継続して拡大することは考えにくい。したがって食品市場の規模の拡大が続くとは考えられない。

このような状況下で、日本の食品産業が成長するためには、国内市場で寸土を争うような激しいシェア争いを繰り広げるのではなく、事業を多角化して他の分野に進出するか、成長する海外市場に出て行かざるを得ない状況にある。

⑵　経済・社会のグローバル化

かつて食品産業はダメスティックな（国際性のない）産業とされてきた。機械・電子・電気・素材産業が、技術力を武器に、華々しく海外に進出する中で、食品産業は海外進出の波に乗ることができず、国内市場に注力してきた。食品は単価が小さいこと、海外では嗜好が異なること、食品産業内に国際ビジネスのできる人材が少なかったことから、海外進出したくてもできなかったというのが現実である。

しかし近年、食品産業を取り巻く環境が変わりつつある。経済がグローバル化し、海外市場の情報も容易に入手できるようになり、国際的なＭ＆Ａも難しいことではなくなった。さらに、近年の新規大卒の就職戦線における食品産業の圧倒的な人気を背景に、国際ビジネスを担える人材を容易に確保できるようになってきた。このため、食品産業が、海外に出ることは難しいものではなくなっている。

3. 農林水産物・食品輸出促進政策

国内のハラルブームの背景には、国内食品市場・食品産業の現状以外にも、いくつかの要因がある。

その第 1 は、政府の農林水産物・食品輸出促進政策である。同政策は、2005 年に閣議決定された「食料・農業・農村基本計画」に基づき、2006 年に策定された「21 世紀新農政 2006」の中で、農林水産物・食品の輸出額を 5 年で倍増する（2004 年：2,954 億円→ 2009 年：6,000 億円）との目標を公表したことに始まる。その後、計画は何度か見直され、現在の計画は、2019 年までに 1 兆円とすることを目標としている。2018 年の輸出額は 9,068 億円に達しており、目標は達成される見込みである。この政策の中で、イスラム諸国の市場は有望な市場と位置付けられている。

第 2 は、海外の観光客誘致政策（訪日旅行促進事業）である。海外からの観光客は、後述（第 11 章第 1 節 6 の図表 11-7）のとおり、2007 年の 513 万人から 2017 年には 2,219 万人に伸びている。また、一過性ではあるが、東京オリンピック等も、ハラルブームの背景の 1 つである。イスラム教徒の観戦客へのハラル食品の提供だけでなく、選手村へのハラル食材の納入につながるからである。選手村への納入に成功すれば、以後のハラル事業の展開のきっかけになることが期待できる。

第3は、認証団体の乱立である。後述（第11章第2節3）のとおり、乱立する認証団体の中には、宗教性の薄いハラルビジネスが少なくなく、トラブルが懸念される。ただ、このような団体は、イスラム市場やハラルのことを積極的に発信するので、ハラルブームを下支えしている。

第2節　海外イスラム市場

1. 巨大な人口

イスラム諸国の市場の第1の魅力は、人口規模の大きさと、人口の増加率の高さである。食品の消費量は、他の条件が変わらなければ、人口に比例する。市場の人口規模が大きければ食品の消費量も多く、いったん参入に成功すると、大きな需要を獲得できる。人口規模が大きいうえに人口の増加率が高いということは、巨大な新しい市場が、毎年、産み出されることである。新たな市場を取るためには競争に勝つことが必要であるが、新市場への参入は、国内市場で他社が押さえている需要を奪い取るようなシェア争いよりは、容易である。人口増加のうち自然増の市場については、親の世代の影響が強いので、親の世代の需要を握っている企業から顧客を奪う必要があるが、社会増の市場については、既存の企業と同じ土俵での競争となる。

筆者は、2018年時点の世界のイスラム教徒数を約18億人と推定しており、中国の人口（2018年：14億人）を超える規模である。Pew Research Center（2010）によれば、2010年のイスラム教徒数は16億2,000万人であり、2030年には21億9,000万人になると予測している。他の資料も使って、もう少し細かく見ると、以下のようになる。

図表10-3に、イスラム協力機構（OIC）加盟国（57か国のうち54か国）の2008年と2018年の人口を、多い順に示している。イスラム諸国の国民の

図表 10-3　主要イスラム諸国の人口動向

国	人口（百万人）			伸び率（% / 年）	
	2008 年	2018 年	2023 年	2008 → 18 年	2018 → 23 年
インドネシア	231	265	283	1.39	1.27
パキスタン	165	201	221	2.01	1.88
ナイジェリア	148	194	222	2.75	2.75
バングラデシュ	148	165	174	1.09	1.04
エジプト	75	97	109	2.57	2.30
イラン	72	82	87	1.32	1.02
トルコ	72	82	87	1.36	1.20
アルジェリア	35	42	46	2.04	1.70
スーダン	38	42	48	0.97	2.67
イラク	29	40	45	3.08	2.57
ウガンダ	29	39	45	3.11	3.02
アフガニスタン	27	36	39	2.81	1.36
モロッコ	31	35	37	1.16	1.00
サウジアラビア	26	33	37	2.56	2.00
ウズベキスタン	27	33	34	1.89	0.93
マレーシア	28	32	35	1.63	1.27
イスラム諸国計	1,483	1,780	1,952	1.85	1.86
参考					
中国	1,328	1,397	1,421	0.51	0.34
日本	128	126	124	−0.10	−0.38

注：イスラム諸国の人口であり、イスラム教徒の人口ではない。
　　ソマリア、パレスチナ、シリアのデータを含まない。
　　2018 年、2023 年の数値は、IMF の推計値である
出典：IMF 統計（2018 年 4 月更新）から筆者作成。

すべてがイスラム教徒というわけではないが、2018 年時点で、イスラム諸国 54 か国の人口は、合計で 17 億 8,000 万人である。また、非イスラム諸国（イスラム協力機構に加盟していない国）にも、多数のイスラム教徒がいる。図表 10-4 に示すように、インドに 2 億 200 万人、エチオピアに 3,500 万人、中国に 2,600 万人、ロシア、タンザニアにも各 1,000 万人を超えるイスラム教徒

図表 10-4　非イスラム諸国のイスラム教徒数と人口比率（2019 年）

国	イスラム教徒人口	イスラム教徒比率	国	イスラム教徒人口	イスラム教徒比率
単位	千人	%		千人	%
インド	201,712	15.2	イタリア	2,173	3.6
エチオピア	34,964	33.8	コソボ	2,102	92.5
中国	26,092	1.9	ビルマ	2,043	3.8
ロシア	17,325	12.8	スリランカ	1,791	8.5
タンザニア	15,883	28	イスラエル	1,616	20
コートジボアール	9,918	38.2	ボスニアヘルツゴビナ	1,536	42.1
フィリピン	5,681	5.4	カナダ	1,501	4.1
フランス	5,574	8.7	ネパール	1,439	4.2
ドイツ	4,709	5.9	コンゴ	1,383	1.4
タイ	4,088	5.8	スペイン	1,337	2.8
英国	3,866	6	アルゼンチン	1,099	2.5
米国	3,845	1.1	オランダ	1,095	6.4
ケニヤ	3,840	7.7	ブルガリア	1,008	14.4
マラウイ	2,522	12.8	ベルギー	831	7.6
エリトリア	2,324	36.5	計	363,298	

注：数値は、2010 年から 2030 年まで、定率で伸びると仮定した時の筆者の試算値。
出典：Pew Research Center（2011）のデータに基づき、筆者作成。

がいる。西欧の先進国も多くの難民、移民を受け入れる中で、イスラム教徒数が増加しており、2018 年時点で、フランスに 560 万人、ドイツに 470 万人、英国に 390 万人のイスラム教徒がいる。これらの国を含めて、イスラム教徒数が 100 万人を超える 28 か国の非イスラム諸国に、計 3 億 6,200 万人イスラム教徒が居住している。なお､中国のイスラム教徒数については､諸説がある。

次に、人口の増加である。図表 10-4 に示すように、イスラム諸国 54 か国の人口増加率は、2018 年までの 10 年間は年率 1.85％であり、今後 5 年間も年率 1.86％で増加すると見込まれている。中国の人口増加率（同 0.51％、0.34％）を大きく上回っている。その結果、イスラム諸国 54 か国の人口は、2008 年から 2018 年の 10 年間で約 3 億人増えている。さらに、今後の 5 年間で 1 億 7,000 万人増加し、2023 年には 19 億 5200 万人に達する見込みである。非イスラム諸国のイスラム教徒数は、5 年間で 7,000 万人程度増加し、4 億 3,500 万人になる見込みである（図表 10-4）。

2. 経済成長、豊かになる国民

(1) 経済成長

イスラム諸国の市場の第 2 の魅力は、経済規模の大きさと高い経済成長で

図表 10-5　主要イスラム諸国の GDP の推移

国	GDP（10 億 US$）			伸び率（% / 年）	
	2008 年	2018 年	2023 年	2008 → 18 年	2018 ← 23 年
インドネシア	559	1,005	1,446	6.05	7.55
サウジアラビア	520	770	890	4.01	2.93
トルコ	765	714	958	−0.69	6.08
アラブ首長国連邦	315	433	534	3.21	4.29
イラン	406	430	382	0.57	−2.32
ナイジェリア	330	397	737	1.87	13.13
マレーシア	239	347	498	3.82	7.50
パキスタン	171	307	n/a	6.03	*
バングラデシュ	97	286	446	11.42	9.25
エジプト	171	249	415	3.86	10.7
イラク	132	231	299	5.78	5.30
アルジェリア	171	188	229	0.97	3.94
カタール	115	188	241	5.03	5.06
カザフスタン	133	184	261	3.28	7.25
クウェート	147	145	181	−0.20	4.62
モロッコ	93	118	159	2.48	6.07
オマーン	61	82	96	2.98	3.27
イスラム諸国計	5,096	6,832	8,834	2.97	5.28
参考					
中国	4,604	13,457	19,581	11.32	7.79
日本	5,038	5,071	5,908	0.06	3.1

注：ソマリア、パレスチナ、シリアのデータを含まない。
2018 年、2023 年の数値は、IMF の推計値である。GDP は名目である。
出典：IMF 統計から筆者作成。

ある。経済規模すなわちGDP（国内総生産）が大きいということは、企業の生産力が高く、国民の購買力が高いということである。一般に、GDPが高くなれば、インフラストラクチャー（生産基盤、社会基盤）が整備され、生産・物流・消費が増大し、企業は成長し、市場は拡大する。したがって、国外企業も市場参入しやすくなる。また、技術水準の向上、人材の教育水準の向上、下請け産業の成長などもあり、現地で安心して操業できる。経済成長率が高い、すなわち、GDPの伸び率が高いということは、好景気が続いているという側面もある。

イスラム諸国の名目GDPを、大きい順に17位まで、図表10-5に示す。2018年のGDPはインドネシアの1兆US$（約110兆円）を筆頭に、イスラム諸国54か国の合計で6兆8300億US$（約751兆円）であり、日本（5兆700億US$）を上回り、中国の半分の水準に達している。また、成長率の高い国も多く、2008年からの10年間は、年平均で約3.0%の伸びを示している。2018年からの5年間は、年平均5.3%で成長し、2023年には8兆8400億US$に達すると見込まれている。現実に進出を検討できる9つのイスラム諸国（第10章第2節5）のうち7か国は、2018年以降、年率5%を超える高い成長率を示すと予測されている。インドネシア:7.6%、マレーシア:7.5%、バングラデシュ:9.3%、カザフスタン:7.3%、ウズベキスタン:8.8%、ヨルダン：5.4%、エジプト：10.7%となっている。

⑵ 購買力の向上

イスラム諸国の第3の魅力は、経済規模の拡大に伴い、人々の生活が豊かになっていることである。その結果、食品市場における消費構造が高度化し、日本や欧米の食品企業が、参入しやすくなっている。人々の生活が貧しい時は、食品への支出の多くが、野菜、肉類、魚介類、果物、穀物などの生鮮品や加工度の低い食材に向けられるが、生活が豊かになると、高度加工食品、輸入食品などの高付加価値食品に向けられるからである。

国民の豊かさを示す指標の1つに、1人当たり名目GDP（以下、GDP／人）

図表 10-6　イスラム諸国の 1 人当たり GDP（2018 年）（単位 :US ドル）

国	GDP/ 人	国	GDP/ 人	国	GDP/ 人
カタール	67,818	ガイアナ	4,649	ベニン	923
アラブ首長国連邦	41,476	アゼルバイジャン	4,587	マリ	892
ブルネイ	33,824	アルジェリア	4,450	チャド	890
クウェート	31,916	ヨルダン	4,228	コモロ	877
バーレーン	26,532	インドネシア	3,789	ギニア	865
サウジアラビア	23,187	チュニジア	3,573	ギニア・ビサウ	852
オマーン	19,170	モロッコ	3,355	タジキスタン	807
モルディブ	13,152	エジプト	2,572	スーダン	792
レバノン	12,454	ジブチ	2,085	ガンビア	740
マレーシア	10,704	ナイジェリア	2,050	ブルキナファソ	734
カザフスタン	9,977	コートジボアール	1,791	ウガンダ	717
トルコ	8,716	バングラデシュ	1,736	トーゴ	668
ガボン	8,385	カメルーン	1,545	アフガニスタン	565
トルクメニスタン	7,412	パキスタン	1,527	シエラレオーネ	496
リビア	6,639	セネガル	1,485	ニジェール	489
スリナム	6,506	ウズベキスタン	1,326	モザンビーク	481
イラク	5,793	モーリタニア	1,310	イスラム諸国平均	3,837
アルバニア	5,261	キルギス	1,254	中国	9,633
イラン	5,222	イエメン	926	日本	40,106

注:ソマリア、パレスチナ、シリアのデータを含まない。数値は IMF の推計値である。GDP は名目である。
出典：IMF 統計（2018 年 4 月更新）から筆者作成。

がある。GDP ／人と消費構造には、経験的に知られた関係がある。GDP ／人が 1,000 US$ 未満の国は低位の発展途上国であり、先進国企業の進出の対象にはなりにくい。発展途上国の経済成長が続き、GDP ／人が 1,000 US$ を超えて 3,000 US$ に至るまでの期間は、富裕層と貧困層の間に中間層が発生し、この層が拡大していくため、その購買力が経済をけん引する。この期間には、「生活を便利する」商品の需要が爆発的に増加する。そのような商品とは、家電、二輪車、乗用車、携帯電話などである。食品分野では、加工食品、ファースト

図表 10-7　イスラム諸国の 1 人当たり GDP の推移

国	GDP ／人（US$）			伸び率（% / 年）	
	2008 年	2018 年	2023 年	2008 → 18 年	2018 → 23 年
インドネシア	2,418	3,789	5,118	4.59	6.20
サウジアラビア	20,157	23,187	24,264	1.41	0.91
トルコ	10,692	8,716	11,026	-2.02	4.82
アラブ首長国連邦	39,075	41,476	44,012	0.60	1.19
イラン	5,621	5,222	4,412	-0.73	-3.31
ナイジェリア	2,234	2,050	3,317	-0.86	10.1
マレーシア	8,647	10,704	14,423	2.16	6.15
パキスタン	1,038	1,527	n/a	3.94	*
バングラデシュ	656	1,736	2,567	10.22	8.13
エジプト	2,270	2,572	3,817	1.26	8.21
イラク	4,472	5,793	6,607	2.62	2.66
アルジェリア	4,944	4,450	4,963	-1.05	2.21
カタール	74,189	67,818	84,874	-0.89	4.59
カザフスタン	8,349	9,977	13,153	1.80	5.68
クウェート	42,827	31,916	34,865	-2.90	1.78
モロッコ	2,947	3,355	4,285	1.31	5.01
オマーン	21,866	19,170	19,248	-1.31	0.08
イスラム諸国平均	3,437	3,837	4,525	1.11	3.35
参考					
中国	3,467	9,633	13,780	10.76	7.42
日本	39,453	40,106	47,617	0.16	3.49

注：ソマリア、パレスチナ、シリアのデータを含まない。
　　2018 年、2023 年の数値は、IMF の推計値である。
　　2018 年の GDP の高い順に記載。GDP は名目である。
出典：IMF 統計（2018 年 4 月更新）から筆者作成。

フード、冷凍食品、パン食などである。3,000 US$ を超えて 10,000 US$ に至るまでの期間は、中間層の生活にゆとりができて、「生活を豊かにする」商品の需要が旺盛になる。教育、海外旅行、高級車、化粧品、医療、保険などの商品である。食品分野では、輸入食品、高級食品、ブランド食品、健康食品である。10,000 US$ に達すれば、ほぼ先進国であり、大都市部の消費構造は、日

図表10-8　湾岸諸国の1人当たりGDPと人口（2018年）

国	GDP/人	
	US$	百万人
カタール	67,818	2.78
アラブ首長国連邦	41,476	10.43
クウェート	31,916	4.53
バーレーン	26,532	1.48
サウジアラビア	23,187	33.20
オマーン	19,170	4.26
参考		
中国	9,633	1,397
日本	40,106	126

注：数値はいずれもIMFの推計値である。GDPは名目である。
出典：IMF統計（2018年4月更新）から筆者作成。

本や欧米と変わらない水準になる。中国のGDP／人が1,000 US$に達したのが2001年（1,053 US$）、3,000 US$に達したのが2008年（3,467 US$）であり、2018年には、10,000 US$の一歩手前の9,633 US$に達している。その間の中国市場の大ブームは、このような経験則を裏付けている。

図表10-6にイスラム諸国54か国のGDP／人をを示す。イスラム諸国全体の平均GDP／人は3,837 US$である。1,000～3,000 US$に11か国、3,000～10,000 US$に16か国となっており、日本・欧米企業の食品に対する需要が急激に増加している段階である。まさに今が進出の時期である。図表10-7に、海外企業が進出するに十分な経済規模（GDP）を有するイスラム諸国について、GDP／人の推移を示す。同表は、多くのイスラム諸国のGDP／人が、2018年以降も高い率で伸びていくことを示している。ただし、経済規模が大きく、GDP／人が高くても、人口の少ない国は、進出対象にはなりにくい。そのような国として、湾岸諸国がある。図表10-8に湾岸6か国のGDP／人と人口を示す。人口が500万人を下回るカタール、クウェート、バーレーン、

オマーンへの進出は、イスラム市場に進出したことをPRすることはできても、その後の発展を期待できないであろう。

3. 市場規模

イスラム市場の第4の魅力は、食品市場規模が大きいこと、市場規模の急速な拡大である。食品市場規模は、人口と1人当たりの食料費支出で決まってくる。人口については、前述（第10章第2節1）した。食料費支出の上昇は、より多くの食品を購入すること、食品価格が上昇すること、高額食品を購入することなどを示すが、いずれであっても日本など海外先進国の食品産業が進出しやすい環境である。市場規模が大きくなることは、新規参入の余地が増えたということである。

世界全体のイスラム食品市場の規模については、明らかではない。マレーシアのハラル産業開発公社（HDC）は、2009年に、市場規模を5,809億US$（当時の為替レートで約58兆円）としている。また、Hashim（2010）は2010年時点の市場規模を、6,415億US$（約64兆円）と試算している。しかし、最近のイスラム圏の成長率、下記の各イスラム諸国の市場規模を考えると、現在では、100兆円に迫る水準に達していると推察される。

主なイスラム諸国の食品市場規模（2016年）を、図表10-9に示す（注：本図表の数値には若干の疑義がある、同図表脚注参照。）。食品市場規模が、10兆円を超えているのは、ナイジェリア（19兆1,000億円）、インドネシア（同）、トルコ（14兆8,000億円）、エジプト（10兆2,000億円）の4か国であり、パキスタン（9兆4,000億円）がこれに続く。日本の食品市場規模（2018年：44兆円）に比べれば、まだ小さい（第10章第1節2）。

しかし食料支出額は、先進国の水準に至るまでは、経済成長に伴い、増加することが経験的に知られている。過去の日本でも、図表10-1（第10章第1節2）に示したように、1人当たりの食料費支出は、2万円に至るまでは、右肩上がりで伸び続けてきた。イスラム諸国の食品市場も急拡大していくことは確実である。それを示すのが、経済成長が続くインドネシアの食品市場規模の

図表 10-9 （参考）イスラム諸国の食料市場規模比較（2016 年）

国	食料消費	人口	市場規模
単位	US$ / （人・年）	百万人	兆円
インドネシア	670	259	19.06
サウジアラビア	1,416	32	4.94
トルコ	1,686	80	14.80
アラブ首長国連邦	3,250	10	3.52
イラン	884	80	7.82
ナイジェリア	947	184	19.12
マレーシア	1,128	32	3.92
パキスタン	439	194	9.35
エジプト	1,028	90	10.20
アルジェリア	685	41	3.07
カタール	1,511	3	0.44
カザフスタン	2,403	18	4.74
クウェート	1,570	4	0.74
モロッコ	729	34	2.77
アゼルバイジャン	1,277	10	1.36
ウズベキスタン	282	32	0.98
トルクメニスタン	962	6	0.60
チュニジア	681	11	0.85
バーレーン	1,264	1	0.20
カメルーン	424	24	1.11

注：食料には、ノンアルコール飲料を含む。アルコール飲料・煙草および外食を含まない。
　　1 US$=110 円で換算。
　　本データには若干疑問がある（同様に計算すると、日本の食品市場規模が 64.6 兆円となる）。
　　イスラム諸国の市場規模のだいたいの傾向を示す図表である。
　　国は、GDP（2018）の多い順に並べている。
出典：US Deparment of Agriculture Economic Research Service 資料から筆者作成。

推移である。同国の食料費支出（1 人 1 か月）は、2008 年の 19 万ルピアから 2013 年には 35 万ルピアに増加し、2018 年には 56 万ルピア（約 4,300 円）となっている（BPS, 2019）。（注：ルピアは急落しており、この数値に基づき円ベースの「食品市場規模」を試算するのは適当ではない）今後も、250 万ルピア、2万円近くまで伸びていくものと思われる。

4. 未開発の市場

イスラム市場の第5の魅力は、日本や欧米などの先進国の食品産業により十分に開発されてこなかったことである。ハラルの確保の難しさに加えて、長年、多くのイスラム諸国が低位の発展途上国にとどまってきたことが、市場開発を難しくしてきた。しかし、未開発ということは、ライバルとなる先進国の企業が少ないことを意味する。このため、イスラム市場は、いったん参入に成功すれば、大きな先行者利益を得ることができる市場である。日本の食品企業について、これまで、どの程度、イスラム諸国の市場に参入してきたかを、輸出と直接投資に分けて見てみよう。

第1に、輸出である。日本から主なイスラム諸国への加工食品の輸出動向を、図表10-10に示す。2018年の輸出額が大きい輸出先は、マレーシア（46億円)、アラブ首長国連邦（28億円)、インドネシア（28億円)、サウジアラビア（17億円）である。この輸出額は、商業貿易というスケールで見れば、あまりにも小さい値である。他のイスラム諸国へは、ほとんど輸出されていない。参考までに中国への輸出額は550億円、ベトナムへは204億円、米国へは647億円である。また、2008年と比較すると、マレーシアへの輸出額は倍増しているが、この10年間ハラルブームが続いてきたにもかかわらず、他の3か国へ輸出額は大きな伸びを示していない。参考までに、この10年で、中国への出額は4.4倍、ベトナムは9.5倍になっている。

イスラム諸国への輸出額は、すべての業種で小さいわけではない。食品の輸出額が極端に小さいのである。図表10-11は、一般機械、自動車、電子、素材などを含む全品目のイスラム諸国への輸出額と、その中の食品の輸出額を比較している。インドネシアへの全品目輸出額（2018年）は、1兆7,400億円であり、食品輸出の割合は0.16％に過ぎない。他のイスラム諸国についても同様である。ただし、非イスラム諸国においても、全品目の輸出額に占める食品の比率は、1％を下回っている。中国（0.35%)、ベトナム（1.12%）であ

図表 10-10　日本から主なイスラム諸国への加工食品輸出動向

国	輸出金額		倍率	人口	GDP/ 人
単位	百万円			百万人	US$
	2008 年	2018 年	18／2008 年	2018 年	2,018 年
インドネシア	2,319	2,812	1.21	265.3	3,789
マレーシア	2,351	4,567	1.94	32.4	10,704
ブルネイ	15	59	3.84	0.4	33,824
パキスタン	300	9	0.03	201.0	1,527
バングラデシュ	106	67	0.64	164.9	1,736
トルコ	34	133	3.87	81.9	8,716
イラン	4	0	0.00	82.4	5,222
イラク	0	11	＊	39.9	5,793
サウジアラビア	1,608	1,726	1.07	33.2	23,187
アラブ首長国連邦	3,849	2,795	0.73	10.4	41,476
クウェート	173	198	1.15	4.5	31,916
エジプト	8	6	0.80	97.0	2,572
カザフスタン	2	251	125.48	18.5	9,977
ナイジェリア	0	50	175.19	193.9	2,050
アルジェリア	35	0	0.00	42.3	4,450
イスラム諸国				1,780.5	3,837
参考					
中国	12,400	55,013	4.44	1,397.0	9,633
ベトナム	2,149	20,357	9.47	94.6	2,553
タイ	4,765	9,877	2.07	69.2	7,084
シンガポール	7,916	17,470	2.21	5.7	61,230
米国	42,654	64,742	1.52	328.1	62,518

注：加工食品とは、貿易統計の 16 類～ 24 類：調製食料品、飲料、アルコール、たばこ等をいう。
出典：財務省，貿易統計から筆者作成。

る。このことは、そもそも食品という財の輸出が難しいということを示している。その理由については、後述する（第 10 章第 4 節 3)。

第 2 に、直接投資である。直接投資とは、民間部門における長期の国際間資本移動のことであり、投資先企業の経営を支配（又は企業経営へ参加）する

図表 10-11　日本から主なイスラム諸国への加工食品輸出比率の動向

国	2008年			2018年		
	食品	全品目	食品比率	食品	全品目	食品比率
単位	億円	億円	%	億円	億円	%
インドネシア	23.19	13,036	0.18	28.12	17,433	0.16
マレーシア	23.51	17,054	0.14	45.67	15,389	0.30
ブルネイ	0.15	187	0.08	0.59	110	0.53
パキスタン	3.00	1,510	0.20	0.09	2,316	0.00
バングラデシュ	1.06	827	0.13	0.67	1,731	0.04
トルコ	0.34	212	0.16	1.33	397	0.34
イラン	0.04	3,218	0.00	0.00	3,522	0.00
イラク	0.00	1,955	0.00	0.11	770	0.01
サウジアラビア	16.08	8,139	0.20	17.26	4,541	0.38
アラブ首長国連邦	38.49	11,241	0.34	27.95	8,717	0.32
クウェート	1.73	2,175	0.08	1.98	1,966	0.10
エジプト	0.08	1,922	0.00	0.06	1,098	0.01
カザフスタン	0.02	215	0.01	2.51	428	0.59
ナイジェリア	0.00	961	0.00	0.50	362	0.14
アルジェリア	0.35	1,097	0.03	0.00	139	0.00
参考						
中国	124.00	129,499	0.10	550.13	159,010	0.35
ベトナム	21.49	8,102	0.27	203.57	18,142	1.12
タイ	47.65	30,515	0.16	98.77	35,626	0.28
シンガポール	79.16	27,576	0.29	174.70	25,842	0.68
米国	426.54	142,143	0.30	647.42	154,658	0.42

注：加工食品とは、貿易統計の 16 類～ 24 類―調製食料品、飲料、アルコール、たばこ等をいう。
出典：財務省，貿易統計から筆者作成。

目的で行う。製造業の場合は、海外に現地法人を設立して、工場を建設し、製造・販売を行うことが、典型的な形態である。加工食品分野で、日本からインドネシアへ直接投資をした企業数は、図表 10-12 に示すように、加工食品に限ると 32 件である。同じくマレーシアへの直接投資は 14 社である。2010 年時点では、同じベースの調査ではインドネシア 12 件、マレーシア 9 社であった

図表 10-12　日本からインドネシア、マレーシアに直接投資した食品企業

	インドネシア		マレーシア	
清涼飲料	大塚製薬	サントリー食品	大正製薬	ポッカ（サッポロ G）
	アサヒ G.HD	伊藤園	アサヒ G	
	ポッカ（サッポロ G）			
乳酸飲料	カルピス（アサヒ G）	ヤクルト	ヤクルト	
菓子 菓子材料	ロッテ	明治 HD	（不二製油）	
	森永製菓	江崎グリコ		
	カルビー	たらみ		
	不二製油	大東カカオ		
パン パン具材	敷島製パン	山崎製パン	山崎製パン	
	カネカ	ソントン HD		
乳製品	森永乳業	雪印メグミルク		
	六甲バター			
即席めん	日清食品 HD			
食肉加工			林兼産業	
水産加工	一正蒲鉾			
調味料	味の素	三菱商事ライフサイエンス	味の素	キユーピー
	宮坂醸造	キユーピー	カゴメ	オタフクソース
	アリアケジャパン	ケンコーマヨネーズ		
製粉	豊田通商			
油脂			日清オイリオ G	不二製油
香料	小川香料		長谷川香料	
その他			ホクト	

注：主要企業のみ。原則として 2017 年末現在。三菱商事ライフサイエンスは、2019 年 3 月末まではMC フードスペシャリティーズおよび三菱商事フードテック。
出典：筆者作成。

ので、増加はしている。ただし、マレーシアについては、ハラルブームが続いたことを考えれば、この程度の増加はやや期待外れと言わざるを得ない。

図表 10-13　日本とイスラム諸国との貿易（輸出＋輸入）規模（2018 年）（単位:10 億円）

サウジアラビア	4,187	レバノン	37	ジブチ	4
インドネシア	4,128	アルジェリア	35	トーゴ	4
アラブ首長国連邦	3,920	モザンビーク	33	モルディブ	3
マレーシア	3,629	モーリタニア	26	カメルーン	3
カタール	1,799	イエメン	26	シリア	2
クウェート	998	チュニジア	25	ソマリア	2
オマーン	547	ウガンダ	23	シエラレオネ	2
イラン	458	モーリシャス	16	ギニア	2
トルコ	436	ガボン	11	トルクメニスタン	2
バングラデシュ	332	コートジボワール	10	マリ	2
パキスタン	271	セネガル	9	ルワンダ	2
ブルネイ	262	スリナム	8	タジキスタン	1
カザフスタン	215	アゼルバイジャン	7	アルバニア	1
バーレーン	208	アフガニスタン	7	ベナン	1
イラク	184	ブルキナファソ	7	ニジェール	1
エジプト	140	ガイアナ	6	ガンビア	1
ナイジェリア	138	キルギス	6	チャド	0
ウズベキスタン	59	スーダン	5	ギニア・ビサウ	0
ヨルダン	53	リビア	5	パレスチナ	*

出典：貿易統計から筆者作成。

5. イスラム市場の限界

⑴　治安など

本節では、食品市場の規模に焦点を当てて、イスラム諸国の市場の魅力を示してきた。しかし、イスラム諸国の市場には弱点や限界もある。

第 1 は、日本との経済関係が希薄な国が多いことである。多くのビジネスマンにとって、イスラム諸国の大半は、その場所すら知らない国であろう。図表 10-13 に、日本とイスラム協力機構（OIC）加盟 57 か国との全品目の貿易

図表 10-14　イスラム諸国（OIC 加盟）の分布

東南アジア	インドネシア JMmS	＊マレーシア JMmS	ブルネイ M
南アジア	×パキスタン JMmS	バングラデシュ JMmS	モルディブ
中央アジア	ウズベキスタン JMmS	カザフスタン MmS	＊アゼルバイジャン m
	＊タジキスタン	＊キルギス	トルクメニスタン M
ヨーロッパ	アルバニア		
中南米	ガイアナ	スリナム	
中東（湾岸）	＊サウジアラビア JMmS	アラブ首長国連邦 JMmS	クウェート MmS
	オマーン MmS	カタール MmS	バーレーン mS
中東	×イラン JMmS	×トルコ JMS	×イラク Mm
	×アフガニスタン	×イエメン	ヨルダン MmS
	×レバノン	×シリア S	×パレスチナ
アフリカ	×ナイジェリア JM	＊エジプト JMmS	×アルジェリア MmS
	＊スーダン	＊ウガンダ	モロッコ JMmS
	モザンビーク MmS	コートジボアール JM	×カメルーン
	×マリ	×ブルキナ・ファソ	×ニジェール
	＊セネガル M	＊ギニア	×チャド
	＊チュニジア M	ベナン	トーゴ
	シエラレオーネ	×リビア S	×モーリタニア
	ガンビア	ガボン	＊ギニア・ビサウ
	＊ジブチ	コモロ	×ソマリア

注：J は JETRO（日本貿易振興機構）の事務所、M は三菱商事の拠点、m は三井物産の拠点、S は住友商事の拠点のある国（2019 年 3 月）

×は退避勧告地域を含む国、＊は渡航中止勧告地域を含む国(外務省 HP)(2019 年 3 月 9 日時点)

出典：三菱商事 HP、三井物産 HP、住友商事 HP、外務省 HP、JETRO の HP より。

額（日本からの輸出額と日本への輸入額の合計、2018 年）を示す。38 か国については、日本との貿易額は 50 億円未満であり、商業ベースのレベルに達していない。上位に位置するイスラム諸国の多くは、産油国であり、原油・天然ガスの輸入が、貿易額の大半を占めている。

図表 10-14 に、イスラム諸国 57 か国を地域別に分類し、貿易・投資を支援する政府系機関である日本貿易振興機構（JETRO）の事務所、総合商社の三菱商事、三井物産、住友商事の海外拠点の有無を示している。JETRO や商社

の拠点がある国は、日本とのビジネスが多く行われている国であり、進出に際して現地での情報収集が可能である。同表が示すように、JETROの事務所がある国は、57か国のうち13か国だけである。三菱商事の拠点は25か国、三井物産は20か国、住友商事は21か国に置かれている。4社（機関）すべての拠点が置かれている国は10か国である。57か国のうち28か国はいずれの社（機関）の拠点も置かれていない。食品産業が、新たに、このような国に進出するのは容易ではない。

第2に、イスラム諸国には、治安が良くない国が多い。図表10-14に示すように、外務省の海外安全情報において、退避勧告地域（4段階評価で、最も危険とされるレベル4）も渡航中止勧告地域（同レベル3）（以下、危険地域）も含まない、いわゆる国全体が安全な国は25か国である（注：外務省HP海外安全情報を機械的に適用している。たとえば、マレーシアは極めて安全な国であるが、ボルネオ島のサバ州の一部が渡航中止勧告地域に指定されている）。

JETROの事務所があり、かつ、危険地域を含まないイスラム諸国は、インドネシア、バングラデシュ、ウズベキスタン、アラブ首長国連邦、モロッコ、コートジボアールのわずか6か国、マレーシアを含めても7か国にすぎない。いずれかの事務所があり、かつ、危険地域を含まないイスラム諸国は、15か国である。

⑵　現実的な進出先

イスラム食品市場の規模は、全体として見れば、巨大で、経済規模も大きい。しかし、すべてのイスラム諸国が参入できる市場ではなく、日本企業のターゲットになりうる市場は限られている。現実的に進出が可能なイスラム諸国は、次の条件を満たす国であろう。①人口≧1,000万人、②1人当たりGDP≧1,000US$、③退避勧告地域（レベル4）を含まない、④総貿易規模≧50億円、⑤JETROまたは3商社の事務所≧1か所。これに該当する国は、東南アジアではインドネシア、マレーシア、南アジアではバングラデシュ、中央アジアではカザフスタン、ウズベキスタン、中東ではサウジアラビア、アラブ首長国連邦、ヨルダン、アフリカではエジプトの計 9 か国である。さらに、⑥ 2018 ～ 2023 年の GDP の年平均の成長率≧ 5％という条件を入れても、サウジアラビア（2.93％）、アラブ首長国連邦（4.29％）を除く 7 か国が該当する。

第 3 節　海外イスラム市場の開発成功事例

1．味の素

⑴　ハラル対策

味の素㈱は、日本の産業界の中で、ハラル対応が最も進んでいる企業である。味の素㈱は、前述（第 4 章第 1 節 1）のとおり、2000 年に、インドネシアで、ハラルに関するトラブルを経験し、その影響の大きさを肌で知ったため、緻密で、確実なハラル対策を構築している。ハラル対応の経緯は次のようなものであった。

味の素㈱のイスラム諸国への進出は早かった。マレーシアには 1961 年に現地合弁企業、味の素マレーシア社（Ajinomoto Malaysia）を設立し、インドネシアには 1969 年に同じく味の素インドネシア社（Ajinomoto Indonesia）を設立して進出している。日本の食品業界の大企業の中では圧倒的な早さであった。マレーシアで味の素㈱に次いで進出したのは、1980 年の現・日清オイリオグループであり、インドネシアでは 1991 年の㈱ヤクルト本社である。当時は、現在のような形のハラル制度は存在しなかったが、製品のハラルを確保するなかで、技術的なノウハウを習得してきた。両社は、現地に根ざした経営を進め、味の素（写真 10-1）以外にも、現地ニーズに合わせた、日本市場とは異なる独自商品を多数出しており、すべての商品のハラル認証を得ている。その結果、両社の経営規模は順調に拡大している。味の素インドネシア社の売り上げは公表されていないが、味の素マレーシア社の売り上げ（2018 年）は、

写真 10-1　味の素マレーシア社の製品

注：左：味の素、右：あじしお。いずれにも、ハラル認証マークがある。
　　2009 年 3 月、農林水産省　橋本一也撮影・提供。

図表 10-15　マレーシア味の素社の売上・利益の推移

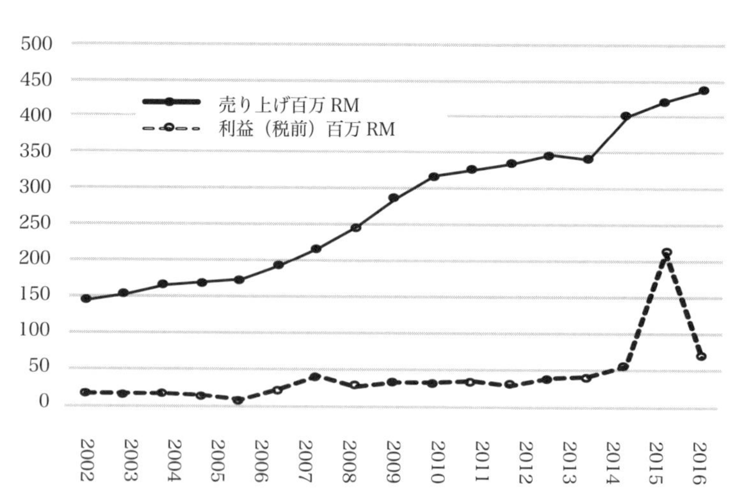

注：RM はマレーシア・リンギット。
出典：Annual Report of Ajinomoto Malaysia.

写真 10-2　UAE で販売されている味の素

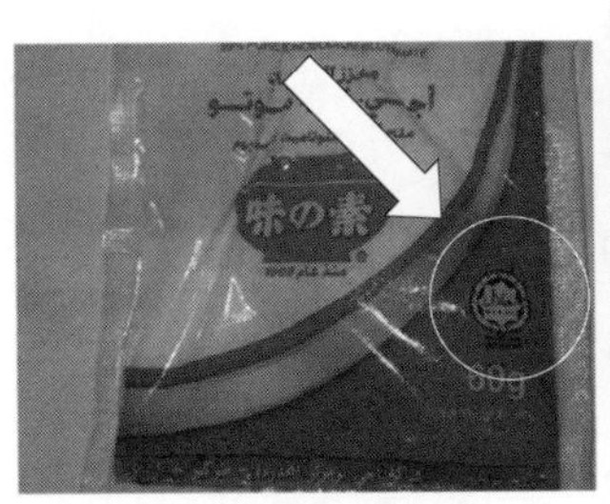

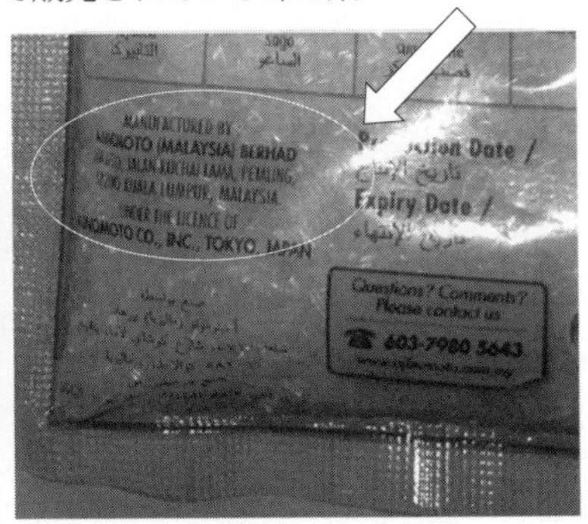

注：マレーシア製で、マレーシアのハラル認証マークが表示。
　2019 年 1 月、筆者撮影。

図表 10-16　味の素㈱のイスラム市場開拓の経緯

イスラム諸国	進出	現地法人名（事業内容・製造品目）
マレーシア	1961	Ajinomoto Malaysia（風味調味料、スープ、甘味料）
インドネシア	1969	Ajinomoto-Indonesia（風味調味料、複合調味料、液体調味料、天然系調味料）
	1987	Ajinex International（国外向け調味料）
	1993	Ajinomoto Sales Indonesia（販売）
	2012	Lautan Ajinomoto Fine Ingredients（アミノ酸系香粧素材）
	2015	Ajinomoot Bakery Indoensia（冷凍パン）
ナイジェリア	1991	West Africa Seasoning（WASCO）（輸入販売、包装工場）
	2014	Maruchan Ajinomoto Nigeria（即席めん、東洋水産㈱と合弁）
バングラデシュ	2011	Ajinomoto Bangradesh（輸入販売、包装工場）
エジプト	2011	Ajinomoto Foods Egypt（輸入販売）
コートジボアール	2012	Ajinomoto Afreque Del'Quest（輸入販売、包装工場）
トルコ	2011	Ajinomoto Istanbul Food Sales（輸入販売）
	2013	Kukre（食酢・果実ソース、ピクルス）
	2017	Örgen Gıda Sanayi ve Ticaret（ブイヨン、メニュー用調味料、粉末スープ、粉末デザート）
	2018	Ajinomoto Istanbul Food Industry and Trade（上 3 社統合）
パキスタン	2016	Ajinomoto Lakson Pakistan（輸入販売）
カメルーン	2013	WASCO（ナイジェリア参照）社支店
アフリカ全般	2016	Promasidor Holdings（販売基盤の構築）

注：製品名のみの記載は、当該製品の製造販売。
　株式会社名を示す用語（PT, Ltd., S.A., Berhad, A.S など）は省略している。
出典：味の素㈱の HP、その他各種資料から、筆者作成。

図表 10-15 に示すように、4 億 3,600 万リンギット（約 108 億円）である。

2000 年代に入り、ハラル制度が整備されてからは、同社はマレーシアのハラル・ハブ（Halal Hub）政策に合わせて、マレーシアの現地法人（味の素マレーシア社）を中核として、ハラル戦略を立ててきた。マレーシアの現地法人は、事業活動を通して、ハラル制度に関する体系的な情報・ノウハウを得ている。

味の素㈱のハラル対策の特徴は 2 つある。第 1 は、ネスレ・グループ（本節 7）とは異なり、マレーシアをグローバル・ハラル戦略のセンターとするのではなく、そこで得た情報・ノウハウを日本の本社の品質管理部門で体系的に蓄積していることである。第 2 は、イスラム諸国の認証機関の認証と国内の認証団体の認証を、目的に応じて使い分ける方法を採っていることである。同社は、日本国内でも、原則として、海外の認証機関からハラル認証を取得している。しかし、同社の国内工場が調達する中間原料については、その納入企業に、海外の認証機関の公認を得た国内認証団体の認証を取らせているようである。後述（第 10 章第 4 節 1（3））のとおり、中間原料のハラル認証は、消費者に見せるのではなく、単に認証機関に示すためのものにすぎないからである。

⑵ イスラム市場戦略

味の素㈱は、図表 10-16 に示すように、2010 年頃から各地のイスラム諸国に拠点を設けて、世界のイスラム市場開発に本腰を入れている。具体的には、以下の戦術を採っている。

第 1 は、人口の多い国に焦点を当てて海外拠点を築いていることである。最近拠点を設けた国は、パキスタン（2 億 100 万人）、ナイジェリア（1 億 9,400 万人）、バングラデシュ（1 億 6,500 万人）、エジプト（9,700 万人）、トルコ（8,200 万人）である。

第 2 に、多くの企業が進出を躊躇するアフリカに焦点を当てていることである。エジプト、ナイジェリア以外に、コートジボアール、カメルーンにも拠点を設けている。さらに、2016 年 11 月に、アフリカ 36 カ国で事業展開する大手加工食品メーカー（主力製品：調味料、加工食品）プロマシドール・ホールディングス社（Promasidor Holdings）（本社：英領ヴァージン諸島）の株式の 33.3%を 5 億 3200 万 US$（当時のレートで約 558 億円）で取得した（味の素，2016）。かつて、他社に先駆けてインドネシア、マレーシアに進出した同社の挑戦的な姿を彷彿とさせる。

第 3 に、2010 年以降に進出したイスラム諸国は、トルコを除けば、輸入・販売拠点、包装拠点であり、欧州、インドネシア、マレーシアの既存の生産拠点から製品を送る方式である。まず販売をして、需要を確認してから生産拠点を設置する計画である。写真 10-2 に、2019 年時点で、アラブ首長国連邦（UAE）で市販されている味の素を示す。マレーシア製で、マレーシアのハラル認証マークが表示されている。UAE の認証マークは表示されていない。

2. 敷島製パン

⑴　進出の経緯とハラル対策

敷島製パン㈱（Pasco）は、インドネシアで、ハラル認証を取得したパンの製造販売で大成功している。同社は、日商岩井（現・双日）およびインドネシアの華僑系財閥サリム・グループ（Salim Group）と組んで、現地法人（Nippon Indosari Corporation、2003 年に Nippon Indosari Corpindo（ニッポン・インドサリ・コルピンド）に改称）を 1995 年に設立し、1997 年に工場生産を開始した。

その後、経済成長にともなうインドネシア国民の食生活の欧風化を追い風に、販売量を伸ばしている。売上げ（2018 年）は 2 兆 7,700 億ルピア（約 1,800 億円）に達し、敷島製パン㈱本体の売上げ（2017 年度：1,565 億円）を上回っている。売上げは、10 年前（2008 年）の 3,840 億ルピア（約 384 億円）から 7.2 倍に急成長してきた。同現地法人は、2010 年 6 月には、インドネシア証券取引所（BEI）で 1 部上場を果たしている。

同現地法人は、図表 10-17 に示すように、10 工場体制で生産をしている。当初は、首都ジャカルタ近郊ブカシ（Bekasi）の工場だけで生産していたが、2005 年に東ジャワ州のパスルアン（Pasuruan）の工場を設置し、スラバヤを

写真 10-3　敷島製パンの食パン

注：2013 年 3 月．筆者撮影。

図表 10-17　敷島製パン㈱現地法人の工場立地動向

工場名	州	地点	立地時期
Cikarang 1	West Barat	Bekasi（Cikarang）	1996
Pasuruan	East Jawa	Pasuruan	2005
Cikarang 2	West Jawa	Bekasi（Cikarang）	2008
Semarang	Central Jawa	Semarang	2011
Medan	North Sumatera	Medan	2011
Cikarang 3	West Barat	Bekasi（Cikarang）	2012
Palembang	South Sumatera	Palembang	2013
Makassar	South Sulawesi	Makassar	2013
Purwakarta	West Jawa	Purwakarta	2014
Cikande	Banten	Cikande	2014

出典：並河良一（2012b）および各種資料から筆者作成。

中心とする東ジャワの都市部、バリ島にも販売をしてきた。ジャカルタでの需要の増加に伴い、2008 年にはブカシに新工場を建設し、さらに、インドネシアの経済成長の本格化に伴い、2011 年に 2 工場、2012 年に 1 工場、2013 年に 2 工場、2014 年に 2 工場を新設してきた。特筆すべきは、人口の集中するジャワ島以外のスマトラ島、スラウェシ島にも工場を設置してきたことである。とくに、イスラム教に対する信仰が強く、製品のハラルが強く求められるスマトラ島の北部に進出できたのは、確実にハラル認証を得ていたからである。ただし、2014年以降は工場の新設はない。

ブランド名は「サリ・ロティ（Sari Roti）」（写真10-3）で、食パンだけでなく菓子パン、コッペパン、サンドイッチ、パン粉、ケーキ（バームクーヘン、シフォンケーキ、どら焼き）などのラインアップもある。同社は、すべての製品について、インドネシアのハラル認証を得ている。Sari Rotiは、2018年にはMUI（インドネシア・ウラマ評議会）からパン部門のトップブランドとしてHalal Awardを受賞している。

⑵　市場開発の成功要因

敷島製パン㈱の現地法人の成長の要因はいくつかある。

第1に、スーパーマーケットやコンビニエンスストアなどのモダン・マーケットに流通させ、中間層を購買対象としてきたことがある。経済成長に伴う中間層の増大とシンクロナイズしたのである。

第2に、インドネシアのメーカーで製造されている「パサパサ」した食感のパンと異なり、日本製のパン独特の「生地がしっかりとして、しっとりとしたパン」がインドネシア人の味覚にフィットしたことも要因である。インドネシアでは、パン食が少なかったため、パンの標準的な味がなかったことが、日本のパンの味を受け入れる素地となった。

第3の要因は、ライバル商品（Lees Bakery）よりも設定価格が低くしてきたことも、需要を伸ばした要因である。参考までにスーパーマーケットでのSari Rotiの販売価格（2017年2月）は薄切10枚の食パンが11,500（ミミあり）～13,500（ミミなし）ルピア（92円～108円）である。

第4に、実務のほとんどを、現地資本に委ねたことがある。本事業について、日本では、敷島製パン㈱のインドネシア進出という言葉で語られるが、現地では、現地華僑資本が日本企業と技術提携をした事業ととらえられている。現地法人ニッポン・インドサリ・コルピンドの株式の持ち分は、サリム・グループのPT Indoritel Makmur Internationalが25.8%、Bolight Investmentが20.8%、Demeter Indo Investment15.2%であり、敷島製パン㈱は8.5%、一般26.5%となっている。双日は2017年以降、株式を有していない。現地法人の社長はサリム・グループのトップであるBenny Setiawan Santosoが兼任しており、敷島製パン㈱と双日は、各1人ずつの役員を送り込んでいるに過ぎない。実務面でも、2012～13年の3工場の建設資金2800億ルピア（約25億円）は、サリム・グループの現地銀行Bank Central Asia（BCA）から調達している（Ditto Levitt, 2011）。サリム・グループは、国内のケンタッキー・フライドチキンも支配しており、食品事業に精通していた。国内の大手コンビニエンスストア・チェーンIndomaretも持っており、その流通チャンネルを使えた。しかし、ここまで成功するのであれば、敷島製パン㈱は、出資比率をもっと高めておけばと考えるのは筆者だけであろうか。

第5に、ハラル認証を確実に取得していたことも、成功要因である。ハラル認証は、現地資本に任せれば、その取得は極めて容易である。

なお、アジア経済危機の1997年に進出したため、ライバルがいなかったことも、結果としては功を奏したことになる。

3. 大塚製薬

⑴　イスラム市場とハラル

大塚製薬㈱は、インドネシアで、スポーツ飲料のポカリスエット、イオンウォータ、栄養ドリンクのオロナミンC、スナック菓子のソイジョイ（Soyjoy）を、いずれもハラル認証を得て製造販売している。ポカリスエットは、イスラム諸国では、マレーシア（1999年から販売）、エジプト（2008年）、湾岸6カ国（バーレーン、オマーン、サウジアラビア（以上1983年）、アラブ首長国連邦（UAE）（1984年）、クウェート（1986年）、カタール（2003年））で販売されている（大塚製薬，2015b）。大塚製薬㈱のもう1つの主力清涼飲料水であるオロナミンCも、1985年から、中東湾岸6カ国で代理店を通じて販売されている（大塚製薬，2015a）。イオンウォータは、インドネシア以外の

写真 10-4　ドバイで販売されている
ポ カリスエット

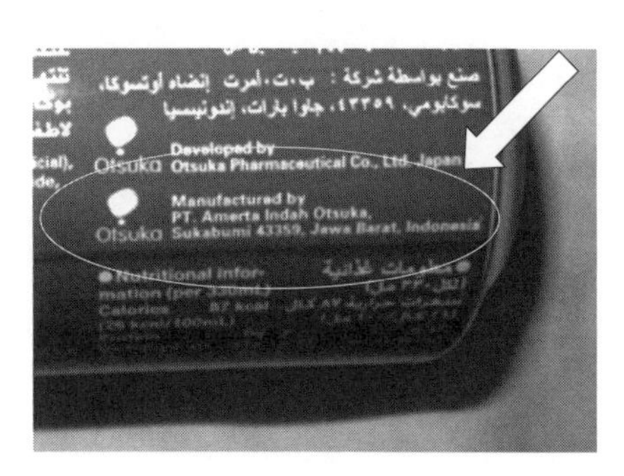

注：インドネシア製との表示
2019 年 1 月、筆者撮影。

写真 10-5　マレーシアで販売され
ているポカリスエット

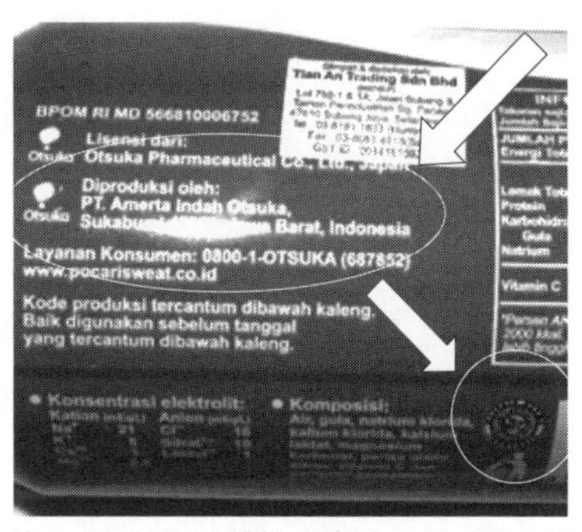

注：インドネシア製との表示、インドネシア
のハラル認証マークの表示。
2016 年 8 月、筆者撮影。

写真 10-6　ドバイで販売されているレッドブル

注：UAE のハラル認証マークの
表示。
2019 年 1 月、筆者撮影。

イスラム諸国には、まだ供されていない。

ポカリスエットは、インドネシアで製造された製品がイスラム諸国に輸出されている。写真10-4にUAEで販売されているポカリスエットを示す。マレーシアのポカリスエットには、インドネシアのハラル認証マークが表示されている（写真10-5）が、UAEでの販売製品には、その表示はない。なお、UAEで販売されている、世界的なエナジドリンクのレッドブル（Red Bull）には、UAEのハラル認証マークが表示されている（写真10-6）。

⑵ インドネシア市場進出の経緯

インドネシアにおける、大塚製薬㈱の飲料事業の実施主体は、1997年に設立した現地法人のアメルタインダー大塚（PT Amerta Indah Otsuka）（従業員1,106人：2017年末）である。アメルタインダー大塚の株式の94.4％は、大塚ホールディングス（大塚製薬グループの持ち株会社）が、残りの5.7％は、現地日系の食品卸業のMasuyaが保有している。医薬品等を扱う大塚インドネシア（PT Otsuka Indonesia）とは別会社にしている。

ポカリスエットの市場開発は、1989年に大塚インドネシアが缶入り製品の輸入販売したことに始まる。次いで、2001年にアメルタインダー大塚が、粉末袋詰めポカリスエットの製造販売を始めている。このようにして一定量の需要を確保したうえで、2004年からインドネシア国内で製造販売を行っている。現在は、西ジャワ州スカブミ（Sukabumi）工場（2004年～、敷地面積40.8万㎡）、2010年に東ジャワ州クジャヤン（Kejayan）工場（2010年～、同10.6万㎡）の2工場体制である。両工場は、実質的に大塚製薬㈱の直轄生産拠点であり、販路の開拓もMasuyaではなく大塚側が行っている。

ソイジョイは、2007年から販売を開始してきたが、2018年からはクジャヤン工場でハラル対応の製造を開始している。オロナミンCは、2018年からスカブミ工場でハラル対応の製造を開始している。

⑶　市場開発の成功要因

大塚製薬㈱が、ポカリスエットで、インドネシアの市場開発に成功した要因は以下のとおりである。第 1 に、イスラム教への理解である。ポカリスエットの内容物は電解質が中心で非ハラルの物を含む可能性が少ないこともあり、早くからハラル認証を取得していた。また、同社は、クジャン工場内に従業員のためにモスクを設けており、同モスクは金曜礼拝やラマダンの際に近隣住民に開放している。第 2 に、高温多湿の熱帯気候で熱中症に伴う脱水症が多く、水分補給用の電解質を含む飲料への需要が高いことがある。しかも、当時は、熱中症の症状が出ても、医師にかかる経済的余裕のない層が多かったのである。第 3 に、水道の衛生状態が悪く、安全な飲料への需要が強かったことがある。第 4 に、イスラム教の断食月に、昼間の飲食禁止が解けた夜の水分補給に最適の飲料であったことも要因である。第 5 に、同社は、1970 年代から、インドネシアで医薬品（輸液）の製造販売を行っており、輸液の販売で培った医家向けの販売ルートを活用したことがある。軽度の熱中症対応商品として、ポカリスエットの市場開拓を行ったのである。ポカリスエットのような新ジャンルの食品飲料の販売ルートを開拓するのは容易ではなく、販路を持っていたことは大きな成功要因である。第 6 に、市場を拡大する過程で、価格をコーラよりも若干低く抑える戦略も功を奏した。量産体制が整い市場でコラーと真正面から競合している時期の、ポカリスエットの価格（2013 年 3 月時点、Jakarta 市内スーパーマーケット）は、330ml 缶と 350ml ペットボトルはともに 5,000 ルピア（当時の為替レートで、約 50 円）である。他方、330ml のコカコーラは 7,500 ルピア（同約 75 円）、同 Diet は 8,000 ルピア（同約 80 円）、330ml のペプシコーラと同セブンナップは 5,800 ルピア（同約 58 円）であった。

大塚製薬㈱の市場開発戦略は、⑵の敷島製パン㈱とは対照的である。敷島製パン㈱は、現地資本に製造・販売、ハラル対策のほぼすべてを委ねる戦略であった。大塚製薬㈱は、直轄工場で製造し、販売もハラル対応も自ら行う戦略である。株式についても、敷島製パン㈱は、少数の株式を取得するだけで、パート

写真 10-7　ヤクルトの専用配送車

注：ジャカルタ市内で。
2011 年 11 月、筆者撮影。

ナーは現地資本と総合商社であるが、大塚製薬㈱は、ほぼすべての株式を保有して、パートナーも事実上の日系企業である。

4. ヤクルト

⑴　イスラム市場への進出とハラル

㈱ヤクルト本社は、1964 年に台湾に進出したのを皮切りに海外に進出し、現在、海外 37 か国で乳飲料ヤクルトを販売している。2017 年における乳製品の一日平均の販売本数は 2,982 万本となっている。多くの国で、ヤクルトレディによる宅配方式を導入して、売り上げを伸ばしてきた。イスラム諸国では、インドネシア、マレーシア、ブルネイで販売してきたが、2017 年からは、中東の湾岸諸国 5 か国（アラブ首長国連邦（UAE)、バーレーン、オマーン、クウェート、カタール）での販売を開始した。ブルネイへはシンガポールからの製品供給、中東の湾岸 5 か国へは、フィリピンからの製品供給である。（ヤクルト本社、2018）

㈱ヤクルト本社は、ハラル認証を、1998 年のインドネシアを皮切りに、東南アジアの 5 か国（インドネシア、マレーシア、シンガポール、タイ、フィリピン）で取得している。㈱ヤクルト本社は、乳酸飲料という日持ちのしない商品を扱うため、原則として、需要地に現地法人を設立して製造している。このため、イススラム諸国では、ハラルを確保することは比較的容易である。そして、宅配方式で販売すること、また店舗への輸送も専用車を使うことから、輸送のハラルの確保も容易である。写真10-7に、ジャカルタ市内を走行する専用配送車を示す。また、販売方式は、店頭販売もあるが、Face to Face販売方式で、同じイスラム教徒からハラルであるとの説明する機会があるため、イスラム市場開発には適している。

同社の久間（2010）は、ハラル認証を得るための苦労を次のように記している。原料のうち脱脂粉乳、砂糖、ブドウ糖は現地調達であるため、ハラル認証を得るのは比較的容易である。しかし、香料は、世界の製品の風味を同一に保つため日本から輸出しているので、香料を供給する日本の香料メーカーにも、ハラル認証を取得してもらったとしている。インドネシアのハラル担当者が日本の香料メーカーに立ち入り、香料の個々の原料のチェックも実施したとのことである。また、同氏は、ハラル認証の取得プロセスが厳密になってきていることも指摘している。

⑵　進出の経緯

㈱ヤクルト本社のインドネシア進出は1990年のインドネシア現地法人（PT Yakult Indonesia Persada）の設立により始まる。当初、工場は首都ジャカルタのパッサール・レボ（Pasar Rebo）にあったが、1997年に西ジャワ（West Jawa）州のスカブミ（Sukabumi）に移転している（2018年の生産能力は360万本／日）。2001年に全株式を取得し、同社を連結子会社としている。当初はジャワ島の一部だけであった販売地域は、ジャワ島全域、バリ島、ロンボック島、スマトラ島に広がり、2009年12月には、それまでカバーできていなかったスマトラ島北部の支店設置により、同島全域に拡大した。巨大な人口と、経済成長を背景とする健康志向を追い風に、着実に販売本数を伸ばしている。2014年には、東ジャワ州のモジョコルト（Mojokerto）に第2工場を建設している（2018年の生産能力は360万本／日）。製品供給先は、ジャワ島東部、カリマンタン島の南部、スラウェシ島、バリ島である。インドネシアにおける販売本数は、2010年：177万本／日、2013年：318万本／日、2017年：529万本／日と増加傾向にある。販売本数は、ヤクルト（2011, 2014, 2018）による、以下同じ。

マレーシアへの進出は、やや遅く、2004年である。ネゲリ・スンビラン（Negeri Sembilan）州のセレンバン（Seremban）の工場完成に伴い、同年2月から製品販売を開始している。マレーシアミルク社（Malaysia Milk SB）が1977年から販売している発酵乳飲料ヴィタージェン（Vitagen）と競合しているが、販売数は2010年：16万本／日、2013年：24万本／日、2017年：33万本／日と徐々に増加している。

中東地域では、2007年からUAEのドバイに駐在員事務所を置いて市場調査を行い、2015年5月には現地法人を設立して販売に向けて動き始めた。そして、2017年3月から販売を開始したが、宅配方式は採っておらず、同年の販売数は1.1万本／日であった。

5. キユーピー

⑴ イスラム諸国への進出の経緯

キユーピー㈱は、1981年にタイ、1982年に米国、1993年から中国へと海外展開を進めてきた。ハラルの問題があるイスラム諸国については、長らく進出してこなかったが、2009年から、積極的な態度に変わり、マレーシア、次いで、インドネシアでの製造に踏み切った。まだ、中東への進出戦略は見えていない。

マレーシアについては、キユーピー㈱は、2009年6月、三菱商事とともに、現地法人キユーピー・マレーシア（Kewpie Malaysia SB）を設立した。持ち分は当初90％であったが、現在（2019年）は70％である。2010年7月には、マラッカ（Melaka）州セルカム（Serkam）のハラル工業団地（州の管理するMelaka Halal Hub, Serkam）（第3章第3節4の図表3-4参照）に、工場を竣

写真10-8　マレーシア製と日本製の商標の比較

注：マレーシア製（左）と日本製（右）のキユーピー人形の絵が異なる。
2015年12月、筆者撮影。

工している。同工場では、業務用のマヨネーズの製造からスタートし、現在では、家庭用の各種マヨネーズ、ドレッシング、サンドイッチ用スプレッド、ソースも製造しており、すべての製品にハラル認証を取得している。

同社は、インドネシアでも、2013年2月に、三菱商事とともに、現地法人キユーピー・インドネシア（Kewpie Indonesia）を設立した。持ち分は当、キユーピー㈱（子会社を含む）60%、三菱商事40%である。2014年11月には、西ジャワ州のブカシ（Bekasi）に工場が竣工している。同工場では、業務用のマヨネーズ、同ドレッシング、調理用ソースの製造・販売を開始した。さらに、現在では、家庭用のマヨネーズ、同ドレッシング、サンドイッチ・スプレッド、ソースの製造・販売も行っている。すべての製品にインドネシアのハラル認証を取得している。インドネシア市場では、当初は、マレーシア製のキユーピー製品が輸入されて流通していたが、ブカシ工場が稼働後はインドネシア製の製品に置き換わった。

ベトナム、タイを合わせ、キユーピー㈱の東南アジアでの売り上げは、2018年度点で100億円となっている。

⑵　ハラルをめぐる動き

キユーピー㈱は、ハラルに関して、いくつか特異な経験を有している。

第1に、キユーピー製品の登録商標とハラル認証の関係について、1つの課題があった。キユーピー㈱の登録商標であるキユーピー人形には背中の2枚の羽根が見えているが、これは天使をイメージしたものである。イスラム教の視点から見れば、天使というキリスト教を背景とした登録商標をハラル製品に添付するのは好ましくない。また、裸体というのも、同様である。このためか、最近のマレーシア製の製品のラップには、羽がなく、着衣した上半身だけのキユーピー人形のイラストが使用されている。写真10-8参照。（注：朝日新聞（2016年）に同趣旨の記事が掲載されているが、筆者は、並河（2014）（2014年10月21日）および並河（2016）（2016年3月25日受理）で報告した。）

第2は、ハラル製品の日本への輸出である。キユーピー㈱は、マレーシア工場で製造し、ハラル認証を得たマヨネーズを、2015年6月から、日本に輸出し、市販している。同社によれば、予定消費者は日本在住および訪日イスラム教徒であり、ネット通販、ホテル、国際空港、大学生協等の販路を開拓しているとのことである。

マヨネーズ分野では、中堅マヨネーズメーカーのケンコーマヨネーズも、インドネシアの合弁企業（Intan Kenkomayo Indonesia）で製造された、ハラル認証マヨネーズを、2015年から日本に輸出・販売しているとの報道がある（日刊工業新聞、2015）。同様に、予定消費者を日本在住および訪日イスラム教徒としている。

日本国内でハラル製品を製造することは極めて難しい。後述（第11章第2節3）のとおり、ハラルであるか疑わしい製品に、宗教性の希薄な団体のハラル認証をすることは、トラブルにつながる可能性がある。この2件のようにイスラム諸国からハラル製品を輸入する方法は、評価に値すると、筆者は考えている。

第3に、イスラム圏での研究開発である。キユーピー㈱は、マレーシア、インドネシアにも研究開発部門を置いており、国内の研究所と連携して研究開発を進めている。キューピー・インドネシアは、現地のチリソースとなじみやすい物性を有する業務用のマヨネーズを開発している（キューピー，2019）。イスラム圏には、第6章第2節2に示したように、ハラルに関する技術的な問題が山積している。キューピー㈱の現地の研究所において、これらを解決する画期的な研究が行われることを期待する。

6. 資生堂

㈱資生堂は、アジアパシフィック地域では、ベトナムに工場を有し、マレーシア、インドネシアを含む化粧品市場の開発を進めている。また、中東でも販売をしている。

マレーシアでは、1959年から化粧品販売を始め、1977年からは代理店（Tung Pao 社）経由で販売してきた。2005年には、市場拡大のために、代理店の親会社である現地企業 Warisan 社と合弁企業（Shiseido Malaysia）（持ち分50%）を設立している（資生堂、2005）。マレーシアでは　Tsubaki（シャンプー・コンディショナー）、アネッサ（日焼け止め）、専科（洗顔料・メイク落し、日焼け止めなど）、アクアレーベル（スキンケア）、Za：ジーエー（スキンケアなど）、White Lucent（スキンケアなど）、Makeup（ポイントメークなど）を販売してきた。

写真10-9に、同社がベトナムで製造し、シンガポール市場に出ていた「Za」のハラル認証マークを示す。Za は東南アジアの市場に供された後、2012年から日本市場にも供された。

インドネシアでは、華僑系財閥（Sinar Mas）の傘下の代理店（Dian Tarunaguna）経由で販売していたが、2014年に、同財閥の傘下の Sinar Mas Tunggal 社と合弁企業（Shiseido Cosmetics Indonesia）を設立し、同7月から化粧品の販売を行っている。㈱資生堂の持ち分は65%である。（資生堂、2014）インドネシアでは、プロフェッショナル（サロン専用ブランド）のヘアカラー剤、パーマ剤などの技術商材などが販売されている。

写真 10-9　スキンケアフォーム

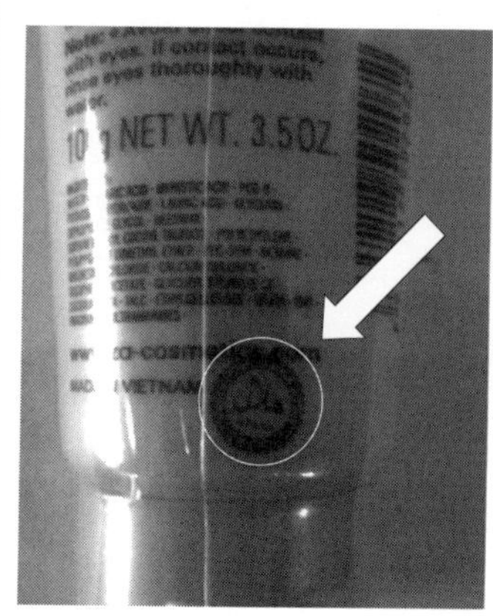

注：㈱資生堂のスキンケアフォーム（ZA: ジーエイ）（ベトナム製）
　　丸印内はハラル認証マーク。
　　2015 年 3 月筆者撮影。

㈱資生堂は、中東地域では、2013 年にアラブ首長国連邦（UAE）で、合弁企業（Shiseido Middle East）を設立して、2014 年 1 月から、富裕層の多い湾岸の 7 カ国（UAE、バーレーン、ヨルダン、クウェート、オマーン、サウジアラビア、カタール）を対象に販売を開始している（資生堂、2013）。パートナーは、これまでも㈱資生堂の現地代理店であった Creation Alexandre Miya Paris 社であり、㈱資生堂の持ち分は 51％である。また、2017 年には、UAE のドバイに 100% 出資の中東地域の統括会社、資生堂グループミドルイーストを設立した。

なお、㈱資生堂は、2011 年から、社会事業の一環として、バングラデシュでハラル化粧品を提供する事業を進めている。比較的所得水準の低い農村女性を対象に、現地専用に開発したスキンケア製品（商品名：Les DIVAS（レディーバ））の販売・使用方法の紹介を行っている（資生堂、2015）。同製品は、ベトナムで製造し、ベトナムでハラル認証を取得している（国際協力事業団、2015）。

写真 10-10　UAE ドバイで市販されているネスレ製品

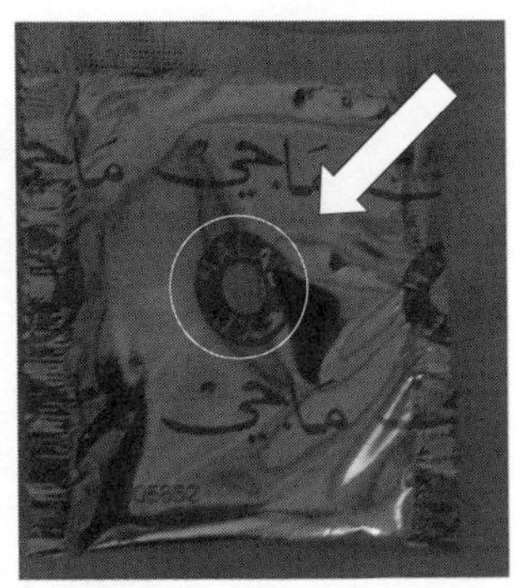

注：上左は Maggi の即席めん、上右は即席めんに同封されたスープ
　　下左は Maggi のスープ、下右は Maggi のケチャップ
　　2019 年 1 月、筆者撮影。

7. 海外企業ーネスレ

非イスラム諸国の企業以外でハラル対応が最も進んでいるのが、世界最大の多国籍食品企業のネスレ（Nestle、本社：スイス、売上高は 2018 年で 914 億スイスフラン（約 10 兆 2,000 億円））である。同社は、1980 年代から巨大なイスラム市場を視野に入れて、ハラル対応を進めてきた。ネスレ・グループは 2016 年時点で、43 か国の 150 工場でハラル製品を生産している。

ネスレ・グループのハラル対策の中心はネスレ・マレーシア社（Nestlé Malaysia）である。ネスレ・グループは、ネスレ・マレーシア社を、ハラル対応のセンター（Global Halal Centre of Excellence）として位置づけて、世界的なハラル対応システムを構築している。

ネスレ・マレーシアは、マレーシア政府が 1994 年にハラル認証制度を導入した直後の、1996 年にマレーシアでハラル認証を取得して、本格的なハラル対応を始めている。また、ネスレ・マレーシア社をハラル対策のセンターに位置づけたのが 2006 年であり、これは、マレーシア政府が、第 3 次工業化マスタープラン（IMP3: 2006-2020）の中で、Halal Hub 政策（第 3 章第 3 節 4）を立案したことと軌を一にしている。

ネスレ・グループが、中東ではなく、ハラル対応のセンターとして、東南アジアを選択したのは、ハラル制度は、中東では発達しておらず、東南アジアで発達しているからである。マレーシアの Halal 制度が、事実上世界で初めての制度で、わかりやすく体系的であったことも理由である。

ネスレ・マレーシア社は、2017 年現在で、マレーシア全土に 7 工場（ボルネオ島 Sarawak を含む）、5,300 人の従業員を擁している。売上額は、2012 年に 53 億 RM（約 1,325 億円）に達している。同社がマレーシアの全工場で製造する食品のすべてがハラル認証を得ている。同社は、世界 100 か国以上からハラルの原料を輸入し、50 か国以上に、500 ブランド以上のハラル製品を輸出している。

Nestle 製品は、中東にも幅広く流通している。アラブ首長国連邦では、ほとんどの加工製品には、ハラル認証マーク表示されていないが、ネスレの製品にはハラルである旨の表示がある（写真 10-10）。ハラル対策に力を入れていることが良くわかる現象である。（Nestle, 2018a）（Nestle, 2018b）

第4節　海外イスラム市場開発

1．海外イスラム市場開発の方法

⑴　海外イスラム市場開発の前提

海外のイスラム市場を開発するためには、2つの前提を置いて考える必要がある。第1に、製品のハラルを確保する必要があること、第2に、日本など非イスラム諸国の国内で、製品のハラルを確保することは、極めて難しいことである。

第1に、ハラルの確保である。イスラム諸国においても、原則としてハラルでない製品を流通・陳列することはできる（食肉など一部の品目は例外、表示義務、陳列場所制限などを課す国がある、全面禁止の国もある）。しかし、イスラム教徒の社会では、ハラルの概念が経済・社会を支配しており、イスラム教徒はハラルでない製品を購入することはない。したがって、企業が製品のハラルを確保することは必須である。

ただしハラル認証を取得することは必須ではない。ハラル制度のないイスラム諸国では、企業は自らの責任で製品のハラルを確保することになる。国ベースのハラル制度が機能している国（事実上、インドネシア、マレーシア等だけ）では、その国の認証機関のハラル認証を得ることになる。日本など非イスラム諸国の認証はあまり効果がない。イスラム諸国の消費者は、他国のハラル認証マークを認知していないし、非イスラム諸国において審査の緩いハラル認証が横行していることをよく知っているからである。もちろん、認証を受けずに、自らの責任でハラルを確保する方法もある。

第2に、非イスラム諸国におけるハラル確保の難しさである。後述（第11章第2節2）のとおり、日本等の非イスラム諸国では、ハラルを確保することが難しい諸事情がある。必要なイスラム教徒の確保が難しいこと、宗教行為を強制されること、ハラル原料の確保が難しいこと、輸送・保管時のハラルの確保が難しいこと、専用ラインや専用施設により高コストになることなどの事情である。イスラム教徒が少数である社会では、社会・経済がハラルを前提に動いていないので、どのように工夫し注意しても、ハラルの製品を作り、提供することは技術的に極めて難しく、コストも割高になるのである。

⑵　市場開発

海外市場を開発する方法は、輸出、直接投資、生産委託に大別される。日本からイスラム市場に進出するケースで、上記のハラルに関する２つの前提の下で、この３つの方法を評価する。

第１に、輸出である。輸出という方法が適切ではないのは明らかである。日本では製品のハラルの確保が極めて困難であるからである。ハラル認証についても問題がある。輸出先国の認証を得るためには、複数の工場現地調査員の渡航費・宿泊代等を負担する必要があり、認証にかかる費用は高額になる。日本国内の認証団体の認証は、輸出先国ではハラルと認められないし、認証マークの知名度がほとんどない。輸出先国公認の国内宗教団体で認証を得ても、輸出先国で貼付できる認証マークは、国内の宗教団体のマークである。

第２に、直接投資である。直接投資、つまり、イスラム諸国内に現地法人を設立して工場を作る方法は、有効である。イスラム諸国内で製品のハラルを確保することは、極めて容易であるからである。また、現地では、ハラル認証を確実に、短期間で、安価に取得できるからである。現地でイスラム教徒の有能なスタッフを雇用して、権限を委ねて、適切に管理すれば、ハラル対応は問題なくできる。イスラム諸国には、フード・チェーンの各段階がハラルに対応していること、十分な数のイスラム教徒がいること、ハラルの原材料の確保が容易であることなど、社会経済的な基盤があるからである。イスラム諸国内で、普通に経済活動を行えば、ハラルのものができるのである。現地では、中小・零細企業や、個人レストランでも、ハラル認証を取得して、問題なく経済活動をしていることを見れば、明らかである。

直接投資は、株式の比率により、① 100％自社資本の現地法人を設立する方法、②現地企業を買収する方法、③現地企業と合弁で現地法人を設立する方法の3つのパターンがある。②の現地企業の買収は、現地企業の有しているハラル確保の知識、ハラル認証取得のノウハウをそのまま引き継げるので、特段のハラル対応は不要である。③の合弁も、現地パートナー企業の支援を得ることができるので、ハラル対応しやすい。

なお、イスラム諸国（A）へ直接投資して、その地で製造したハラル製品を、他のイスラム市場（B）に輸出するという方法もある。イスラム諸国（A）では、容易に、確実にハラル製品を製造できるだけでなく、他のイスラム諸国（B）の流通業者は、イスラム諸国（A）で製造された製品はハラルであるとの安心感をもって受け入れるので、市場開発をしやすい。もちろん、認証制度のあるイスラム諸国（B）へ輸出するのであれば、認証を取得する必要があるが、輸出品は実質的にハラルであるので、認証取得も容易である。

第3に、生産委託という方法もある。委託者ブランドでの生産：OEM（Original Equipment Manufacturing）の場合には、イスラム諸国の受託企業で生産するので、ハラルの確保、ハラル認証を取得することは、容易である。しかし、製造プロセス、原材料、品質等を、日本側企業で指定するので、それにこだわりすぎると、認証を取れない可能性もある。また、自社の技術が流出する恐れが付きまとうことになる。製品の設計、製品開発から製造まで受託者が行うODM（Original Design Manufacturing）の場合も、委託者のブランドであるが、イスラム諸国の受託企業に製造プロセス、原材料まで、ほぼ任せてしまうので、ハラル認証の取得は極めて容易である。ただし、OEM、ODMとも、（投資資金の実質的な負担者はいずれであっても）設備投資に対するリスクが伴うことになる。

第4に、最近は、ネット販売を試みる企業もあるが、ハラルに関しては特に便法はなく、通常の輸出に比べて、有利になることはない。

このように、ハラル対応という観点だけからは、直接投資または生産委託が有効であるが、初期投資の負担がリスクになる。この問題は、製品の市場開発をして一定の売り上げを確保しなければならないという経済問題である。この点については、次々項で述べる。

⑶ 中間財の輸出

中間財（原料）をイスラム市場に供給する場合には、第8章第1節6（3）で触れたように、輸出も1つの選択肢になる。たとえば、日本企業が食品等の原料をマレーシアの企業に輸出し、そのマレーシア企業がハラル食品を製造し、ハラル認証を得る場合である。日本企業は、日本国内で製造した原料のハラル認証を、マレーシアの認証機関（JAKIM）の公認を得た国内の認証団体で取得すれば、それで十分である。マレーシアの企業は、自らの製品のハラル認証を得る場合に、原料がハラルであることを、JAKIMに説明できればよいだけであるからである。JAKIMは、自らが公認した認証団体の認証を、自らの認証と同等であると認める。

もちろん、日本国内でハラルの確保が難しいという実態は何も変わらないが、自らの製品を小売市場に流す場合とは異なり、JAKIMから直接に認証を受けて、その認証マークを表示する必要はないのである。

2. 市場開発とハラル認証の関係

「ハラルであること」と「ハラル認証がある」ということは別の問題である。物やサービス（製品）はハラル認証を得て初めてハラルになるのではない。ハラル認証を得なくても、ハラルの物やサービスは、そもそもハラルである。この違いの理解が、イスラム市場におけるマーケティングとそのリスク管理にとって重要である。

まず、マーケティングである。イスラム教徒が購入するか否かは、ハラル認証の有無ではなく、実質的にハラルであるか否かによる。つまり、消費者は、ハラル認証がなくてもハラルの製品であれば購入するが、ハラル認証があってもハラルでない製品は購入しないということである。ハラル制度のないイスラム諸国では､ハラル認証のある製品は流通していないが､(特段の表示等のない)すべての製品は実質的にハラルである。ハラル制度のあるイスラム諸国では、ハラル認証がなくても、実質的にハラルである製品が多数流通している。ハラル認証があってもハラルでない製品も流通する可能性がある。非イスラム諸国の緩い審査で認証を得た場合、認証後に品質管理を怠った場合などに、このようなことが生じる。

次にリスク管理である。イスラム諸国において、ハラル認証のない製品を流通させることによるリスクは小さいが、ハラルでない製品を流通させるリスクは極めて大きい。①実質的にハラルの製品を流通させるリスクはゼロである、②実質的にハラルでなく、かつ、ハラル認証のない製品を流通させる場合には、2つのケースに分けて考える必要がある。ハラル制度が機能しているイスラム諸国ではリスクはほとんどない。ハラルでない製品が流通しているという前提があるからである。ハラル制度のないイスラム諸国では、ハラルでない旨表示しないと、大きなトラブルが発生する。流通している製品はすべてハラルであるとの前提があるからである。③実質的にハラルでなく、かつ、ハラル認証のある製品を流通させると、大きなトラブルが発生する。虚偽表示にとどまらず、イスラム教を冒涜する行為と解されるからである。

3．認証≠市場開発

イスラム諸国の市場開発のためには、ハラルの確保が求められる。とくに、食品、化粧品などの最終財（消費製品）や消費者に直接向き合うサービスでは、ハラル対応は必須である。ただし、ハラル対応が強調されるが故に、ハラル対応すれば、それでイスラム市場に参入できるとの誤解がある。ハラル認証をビジネスとする団体等がそのように宣伝していることも背景にある。ハラルの確保あるいはハラル認証は、イスラム市場に参入するための最低条件にすぎない。ハラルの確保あるいはハラル認証をして初めて、現地企業と同じスタートラインにつけるのである。そこからが、市場開拓の勝負である。

食品の場合、イスラム市場に参入するための難しさは、ハラルの確認以外に、次の点がある。第１は、流通チャネルの構築である。日本のような便利な問屋制度のない海外で、単価の安い多数の最終財（消費製品）を津々浦々の小売店舗まで流すことは容易ではない。第２は、売上金の回収システムの構築である。海外とくに発展途上国で単価の安い最終財(消費製品)の少額の売上金を、多数の小売店舗から確実に回収することは神業といっても過言ではない。いくら売れても代金回収できなければ、帳簿上は黒字だが、現金がないという事態に陥る。第３は、商品名の浸透である。最終財（消費製品）であるので、多くの消費者に商品名を知ってもらう必要があるが、単価が安い食品に、巨額の広告宣伝費を投じることは現実的ではない。第４に、味覚・嗜好違いを乗り越えることである。味覚・嗜好は、子供のころからの生活の中で形成されるので、現地に腰を据えて長期にわたり徐々に対応していくことになる。

このような課題の多くは、現地企業との合弁企業を設立することにより、ある程度解消できる。流通チャネル、集金システムについては、現地パートナー企業の持っている流通ルート、売上金回収ノウハウを活用することができる。商品名についても、現地パートナー企業の商号を併記することなどにより、消費者に受け入れてもらいやすくできる。味についても、現地企業のノウハウを活用することで少しは対応可能である。

なお、化粧品・医薬品などの最終財（消費製品）についても、食品と同様のことが当てはまる。

4. 市場開発の躊躇

日本では、イスラム教のイメージが良いとは言えず、日本企業がイスラム市場開発に取り組むのに躊躇することがある。そのようなイメージが形成される要因はいくつかある。

第１に、日本国内のイスラム教徒は少なく、日本人にとって馴染みの薄い宗教である。このため、イスラム教に基づく独特の行動や習慣は、多くの日本人・日本企業に違和感を持って受け取られている。女性の服装(髪を隠すスカーフ、顔だけ出して体全体を隠すチャドル)、１日５回のお祈り、断食、聖地巡礼、それに、食のハラルという食習慣などである。

第 2 に、日本では、イスラム教、イスラム諸国に関する報道が、ネガティブなものが多いことがある。イスラム教は、中東地域の戦闘、内戦、反政府運動、テロリズムといった紛争とともに報道されることが多く、これら報道は激しい宗教であるとの印象を日本社会に与えている。欧州における、移民問題や教育機関でのスカーフ着用論争などの報道は、難しい宗教との印象を与えている。インドネシア味の素事件における日本人幹部の拘束、悪魔の詩訳者殺人事件などは、イスラム教は怖い宗教との印象を与えている。

これらは、誤解や偏見、報道の偏りに基づくものであるが、残念ながら、日本企業の市場開発の意思決定に影響を与えている。

5. 日本政府の政策

日本政府のハラル食品に関する政策は、マレーシアのハラル制度の調査から始まり、その後、食品の輸出促進政策の一環として行われている。

ハラル食品政策の発端は、2008 年 5 月に来日したマレーシアのアブドゥラ首相から、当時の福田康夫首相との首脳会談に際し、日本からマレーシアへの食品加工分野への投資促進の要請があったことである。この要請を受けて、農林水産省総合食料局（当時）が、傘下の（財）食品産業センターおよび日本貿易振興機構（JETRO）と協力して、調査団の派遣、セミナーの開催などを行い、マレーシアのハラル制度の内容の把握、食品市場の調査などの施策を進めた。その後、ハラル食品政策は、マレーシア以外のイスラム諸国も対象にするようになった。さらに、イスラム市場開拓の施策は、前述（第 10 章第 1 節 3）のとおり、農林水産物・食品の輸出政策の中に位置づけられて、現在に至っている。

また、食肉の輸出促進政策の中でも、前述（第 8 章第 2 節 3）のとおり、各イスラム諸国との 2 国間交渉を通して、食肉輸出できるイスラム諸国の範囲を徐々に増やす施策講じられている。また、一定の要件を満たす屠畜技能者には、就業ビザが与えられるようになった。

なお、農水省において、かつて、イスラム教徒の消費者の便宜のために、ハラル食品の表示・規格化について検討されたこともあるが、実現はしなかったようである。政教分離を原則とする日本においては、そのような表示・規格は適切ではないと、筆者も考える。

国内のハラル認証団体の乱立状態を解消する施策を求める声もあるが、後述（第11章第2節3）のとおり、政教分離のわが国では、政府が宗教の中味に踏み込むような事案には関与すべきではないと、筆者は考えている。

第11章 国内のイスラム市場開発

第1節　国内イスラム市場

1. 国内市場の動向

大企業は、イスラム諸国の市場を開発するために、現地で生産する「直接投資」方式を採っている。中小企業も海外のイスラム市場への進出を試みたが、資金力にも情報力にも限界があり、国内市場に関心を示すようになった。国内市場は、大企業が本格的に取り組むには規模が小さすぎる。つまり、国内のハラル食品ブームは、少し遅れてきたブーム、中小企業を中心とするブームである。

現在、日本国内でも、ハラル認証マークを貼付した食品が流通しており、ハラル食品を扱う小売店舗もある。ハラル食品の通信販売サイトも開設されている。イスラム教徒にとって最も重要な品目である、ハラルの食肉を扱う店舗もある。そして、これらを紹介するWEBサイトもいくつか開設されている。認証マークを掲示したレストランもある。後述（第11章第1節5）のとおり、多くの大学の学内食堂でもハラルメニューを提供している。

これら商品には、国産品もあれば、イスラム諸国からの輸入品もある。とくに食肉については、国内にハラル対応できる屠畜・食肉処理施設が少ないので、輸入品が多いようである。筆者は、後述（第11章第2節3）のとおり、国内

写真 11-1　日本に逆輸入されたマレーシア製マヨネーズ

注：右端にマレーシアのハラル認証マークがある。
2015 年 12 月、筆者撮影。

で流通する個々の商品が認証マークを貼付していても、それらがハラルであることに自信を持てないので、商品を本書で紹介するのは控える。

国内には多くのハラル認証団体があるので、商品や施設に貼付されている認証マークも多種多様である。中には、イスラム諸国を含む海外の認証マークを貼付した商品も散見される。たとえば、キッコーマン ㈱ は、オランダで認証を取得して、2017 年から、ハラルのしょうゆを国内で販売している。キユーピー ㈱ は、前述（第 10 章第 3 節 5）のとおり、2015 年から、マレーシアの工場で製造し、現地でハラル認証を得たマヨネーズを日本に逆輸入している（写真 11-1 参照）。

2. 市場規模

⑴　イスラム教徒の人数

2017 年時点での、国内のハラル食品の市場規模を試算する（本書と同時期に作成した拙稿（並河、2019）を一部修正・加筆して引用する）。イスラム諸国のすべての人がイスラム教徒ではないこと、非イスラム諸国にも多数のイスラム教徒がいることから、訪日者（観光客など短期的に日本に滞在する者）および在日者（永住者、留学生など年間を通して日本に滞在する者）の多いすべての国を対象として試算する。訪日者は年間 1,000 人以上の 86 か国、在日者は年間 400 人以上の 82 か国を対象とする。そして、訪日・在日者のイスラム教徒比率は、その国の人口に占めるイスラム教徒比率（2010 年）（Pew Research Center, 2011）を反映していると仮定する。まず、イスラム教徒の人数を、訪日者と滞在する在日者に分けて把握する。

第 1 に、訪日者である。訪日イスラム教徒数を図表 11-1 に示す。ここでいう訪日者は、短期滞在者（観光、商用、文化学術活動、親族訪問等の計）である。2017 年に訪日したイスラム教徒は、イスラム諸国から 59 万 4,000 人、非イスラム諸国から 35 万 4,000 人の計 94 万 8,000 人である。

第 2 に、在日者である。在日イスラム教徒数を図表 11-2 に示す。ここでいう在日者とは、在留資格のある者すべてである（一部は図表 11-1 の短期滞在者と重複する）。留学生、駐在ビジネスマン、定住者・永住者、日本人の配偶者などが含まれる。2017 年の在日イスラム教徒は、イスラム諸国から 13 万 4,000 人、非イスラム諸国から 6 万 1,000 人の計 19 万 6,000 人である。

なお、以上に含まれない、日本人のイスラム教徒もいる。日本の公的機関の統計には、宗教人口に関するデータはない。米国国務省（US DOS, 2017）は、日本人でないイスラム教徒数を 10 万人、日本人のイスラム教徒を 1 万人と見ている。ピュー・リサーチ・センター（Pew Research Center, 2011）は、18 万 5,000 人（2010 年）としている（在留イスラム教徒を含む数字と思われる）。いずれも、積算方法がはっきりしない。イスラム教徒数について触れた論文、記事や WEB サイトは多数あるが、いずれも、出所や積算根拠がはっきりしない、あるいは、古いデータである。また、在留、永住しているイスラム教徒との関係もわからない。このため、本書では日本人であるイスラム教徒をカウントしていない。

⑵ 市場規模の試算

この人数を基に、イスラム教徒の 1 人 1 年当たりの食料費支出（外食を含む）を日本人の食料費と同額とし、平均滞在日数を訪日者は 14 日、在日者は 365 日として試算する。

総務省統計局（2018）よれば、図表 11-3 に示すように、2017 年の 1 世帯当たりの年間消費支出は 291 万円で、そのうち食料費支出（外食も含む）は、81 万 5,000 円である。この金額から、生鮮品とアルコール飲料等への支出 21 万 4,000 円を控除する。生鮮野菜、生鮮果物、魚介類のような生鮮品、加工度が低い米については、多くのイスラム教徒は一般の小売店で購入できるからである。アルコール飲料については、イスラム教徒は購入しないからである。レストラン等でのアルコール飲料費用も控除する。豚肉については、その費用が他の食肉に使用されると考えて、控除しない。控除後の 60 万円が、本試算のイスラム教徒世帯の 1 年間の食料費支出である。これを、同統計の 1 世帯数の人数―2.35 人で除することにより、1 人 1 年間当たりの食料費支出は 25 万 5,000 円となる。これをイスラム教徒数に乗じることにより、ハラル食品の国内市場規模が得られる。図表 11-3 に示すように、訪日者市場が 93 億円、在日者市場が 500 億円、計 593 億円となる。計算方法が若干異なるが、筆者（並河、2015）が 2014 年時点で試算した規模は 458 億円であったので、その後のイスラム教徒の増加を考えれば、整合性のある数値である。日本の食品産業の市場規模が 40 兆円程度であることからも、納得できる数値である。

現実のハラル食品の市場規模は、いくつかの要因から、この値よりも小さくなるであろう。第 1 に、留学生、技能実習生は、経済的に豊かでないこと、入国年と帰国年には 1 年間フルに滞在することがないためである。第 2 に、非イスラム諸国（とくに中国）からのイスラム教徒は、現実には、少ないためである。第 3 に、統計上の重複があるためである。ただし、観光客の食料費支出は、この試算値よりは高くなるかもしれない。

これらを総合すると、2017 年時点の国内のハラル食品市場は 500 億円程度ではなかろうか。500 億円という数値は、多種多様な食品・食品関連サービ

図表 11-1　訪日イスラム教徒数（2017 年）

単位		短期訪日者（人）	イスラム教徒比率（%）	イスラム教徒（人）
	総計	24,565,268		948,396
順位	イスラム諸国	800,101		594,175
1	インドネシア	314,058	88.1	276,685
2	マレーシア	417,412	61.4	256,291
8	トルコ	16,884	98.6	16,648
17	パキスタン	6,553	96.4	6,317
19	バングラデシュ	5,943	90.4	5,372
20	アラブ首長国連邦	6,750	76.0	5,130
21	イラン	5,140	99.7	5,125
22	サウジアラビア	5,072	97.1	4,925
28	エジプト	2,494	94.7	2,362
30	クウェート	2,649	86.4	2,289
33	カザフスタン	3,365	56.4	1,898
34	ブルネイ	3,512	51.9	1,823
36	ウズベキスタン	1,812	96.5	1,749
37	モロッコ	1,711	99.9	1,709
38	チュニジア	1,461	99.8	1,458
39	ヨルダン	1,394	98.8	1,377
40	カタール	1,525	77.5	1,182
44	モーリシャス	1,072	99.2	1,063
	非イスラム諸国	23,765,167		354,221
3	中国	4,729,271	1.8	85,127
4	シンガポール	394,752	14.9	58,818
5	タイ	952,949	5.8	55,271
6	フィリピン	366,191	5.1	18,676
7	フランス	242,818	7.5	18,211
9	インド	96,100	14.6	14,031
10	韓国	6,918,346	0.2	13,837
11	米国	1,280,044	0.8	10,240

注：訪日者とは、下記出典の短期滞在者の計であり、特定活動者、日本人の配偶者等、定住者を含まない。
訪日者 1,000 人以上の国、計 86 か国を対象としている。
総計とは対象とした 86 か国からの短期訪日者数である。対象国以外を含めた短期訪日者数は 24,617,024 人である。
順位とは、訪日イスラム教徒数の順位である（イスラム諸国、非イスラム諸国を合わせた順位）。

出典：法務省出入国管理統計（国籍・地域別新規入国外国人〔短期滞在・特定活動等〕の入国目的）から筆者作成。筆者の推定値を含む。
イスラム教徒比率は、Pew Research Center（2011）による。

図表 11-2　在日イスラム教徒数（2017 年）

単位		在日外国人（人）	イスラム教徒比率（%）	イスラム教徒（人）
	総計	3,166,908		195,578
順位	イスラム諸国計	159,860		134,345
1	インドネシア	75,580	88.1	66,586
3	パキスタン	15,644	96.4	15,081
5	マレーシア	22,912	61.4	14,068
6	バングラデシュ	14,577	90.4	13,178
7	トルコ	6,097	98.6	6,012
10	イラン	4,318	99.7	4,305
12	アフガニスタン	3,051	99.8	3,045
13	ウズベキスタン	3,068	96.5	2,961
16	エジプト	2,056	94.7	1,947
18	ナイジェリア	3,088	47.9	1,479
21	サウジアラビア	1,004	97.1	975
25	チュニジア	707	99.8	706
26	セネガル	708	95.9	679
27	モロッコ	664	99.9	663
29	シリア	670	92.8	622
33	キルギス	516	88.8	458
35	ガーナ	2,418	16.1	389
36	ギニア	447	84.2	376
37	アラブ首長国連邦	413	76.0	314
	非イスラム諸国計	3,007,048		61,233
2	中国	901,200	1.8	16,222
4	フィリピン	292,150	5.1	14,900
8	タイ	88,614	5.8	5,140
9	インド	34,348	14.6	5,015
11	ネパール	81,144	4.2	3,408
14	シンガポール	17,562	14.9	2,617
15	スリランカ	24,272	8.5	2,063

注：・在日者とは、在留資格のある者すべてである（短期滞在者、特別永住者を含む）。在日者 400 人以上の国、計 82 か国を対象としている。
・総計とは対象とした 82 か国からの在日者である。対象国以外を含めた在日外国人は 3,179,313 人である。
・順位とは、在日イスラム教徒数の順位である（イスラム諸国、非イスラム諸国を合わせた順位）。
出典：・法務省出入国管理統計（国籍・地域別　在留資格（在留目的）別総在留外国人）から筆者作成。筆者の推定値を含む。
・イスラム教徒比率は、Pew Research Center（2011）による。

図表 11-3　国内イスラム市場規模の試算（2017 年）

		訪日者	在日者
短期訪日者	人	948,396	195,578
滞在日数	日	14	365
国内・世帯年間消費支出	円／（世帯・年）	2,909,095	
国内・世帯年間食料費支出	円／（世帯・年）	814,503	
控除計	円／（世帯・年）	214,284	
生鮮魚介	円／（世帯・年）	36,272	
卵	円／（世帯・年）	7,550	
生鮮野菜	円／（世帯・年）	58,727	
生鮮果物	円／（世帯・年）	31,173	
酒類	円／（世帯・年）	36,230	
外食時酒類	円／（世帯・年）	25,698	
米	円／（世帯・年）	18,634	
イスラム教徒世帯年間食料費支出	円／（世帯・年）	600,219	
世帯人員	人／世帯	2.35	
実質 1 人年間食料費支出	円／（人・年）	255,412	
ハラル食料市場	億円／年	92.9	499.5

注：訪日者、在日者の説明は、図表 11-1、図表 11-2 の図表の注に示した。
　　控除計とは、ハラルであるもの（生鮮野菜、生鮮魚介等）、酒類等の合計である。
　　イスラム教徒世帯消費支出とは、控除分を除いたハラルに関係する食料費支出である。
出典：「総務省統計局家計調査：家計収支編総世帯品目分類」（2017 年）から筆者作成。筆者の推定値を含む。

スの合計であるから、大企業が本格的に参入できる規模ではなく、中小企業や個人経営企業の市場である。

このようにイスラム諸国からの来日外国人は少なく、国内のハラル市場の規模は、イスラム諸国の市場とは比べものにならないほど小さい。しかし、以下（第 11 章第 1 節 3 ～ 6）に述べる経済・社会的な背景から、市場規模が増加していく、魅力ある市場として期待されている。

3. 経済のグローバル化

国内のハラル食品市場が今後成長していくと期待できる背景の第 1 は、経済のグローバル化にともなう訪日ビジネスマンの増加である。イスラム諸国の多くは高度経済成長の時期にあるので、イスラム教徒の訪日は増えていくであろう。訪日の形態は、短期商用者（商談等のための出張者）だけでなく、企業の駐在員、日本との合弁企業での勤務など多様である。経済関係が密になれば、政府や政府機関の職員の訪日も増えていく。

この中で最も人数の多いのが商用（短期滞在）である。法務省出入国管理統計によれば、図表 11-4 に示すように、商用（短期滞在）での訪日数は、2007 年の 147 万人から 2017 年には 164 万人に増加している。イスラム諸国からの訪日ビジネスマンも、5 万 9,000 人から 7 万 7,000 人に増えている。2007 年から 2012 年にかけて商用での来日が減少しているのは、言うまでもなく、2008 年末からのリーマンショックにともなう世界同時不況のためである。

イスラム諸国での商用での訪日者 7 万 7,000 人という数値は、韓国（34 万人）、中国（32 万人）、米国（21 万人）、台湾（12 万人）と比べると、あまりにも少ないと言わざるを得ない。しかも、7 万 7,000 人のうち、5 万 4,000 人はインドネシアとマレーシアからであり、他のイスラム諸国からの来日は（ビジネスベースで言えば）ほとんどないと言える水準である。これまでの日本とイスラム諸国の経済関係は、インドネシア、マレーシアを除けば、中東の資源国との貿易・直接投資程度であった。この数値は、このような現実を反映しているに過ぎない。ただし、今後、中国の経済成長が減速すれば、イスラム諸国との経済関係は密になっていくことが期待される。

なお、商用による訪日者の統計値には少し疑問がある。実質的には商用であっても、観光等として入国しているケースが少なくないと想像できるからである。

4. 外国人労働者の増加

背景の第 2 は、外国人労働者の増加である。

日本は少子化、産業構造の変化（サービス産業のウエイトの増加）、労働者の志向の変化（農業や製造業等の現場を嫌う）などのため、近年、現場における慢性的な人手不足に悩んできた。このため、入国管理及び難民認定法の下で、研修の形で事実上の外国人労働者を受け入れてきた。2010 年の同改正法の施行により、外国人労働者は労働関係法令の適用を受けるようになり、名実とも

図表 11-4　イスラム諸国からの訪日商用者数の推移

	訪日商用者（千人）			倍率
	2017 年	2012 年	2007 年	2017/2007 年
世界	1,644,281	1,344,227	1,472,555	1.1
イスラム諸国　計	76,908	57,623	59,453	1.3
インドネシア	27,569	16,837	11,537	2.4
マレーシア	26,130	23,988	29,371	0.9
トルコ	4,348	3,550	3,048	1.4
パキスタン	2,691	2,310	2,617	1.0
イラン	2,424	828	1,159	2.1
バングラデシュ	2,259	1,033	859	2.6
エジプト	1,262	1,189	1,133	1.1
サウジアラビア	1,068	1,006	845	1.3
カザフスタン	819	617	632	1.3
ヨルダン	658	563	703	0.9
ウズベキスタン	591	236	231	2.6
アラブ首長国連邦	561	489	467	1.2
レバノン	532	399	573	0.9
イラク	472	450	310	1.5
モロッコ	472	113	211	2.2
ガーナ	377	168	255	1.5
モーリシャス	373	286	331	1.1
キルギス	352	138	68	5.2
ウガンダ	348	222	530	0.7
ナイジェリア	304	371	470	0.6
その他イスラム諸国	3,298	2,830	4,103	0.8
その他主要国				
韓国	339,564	308,052	360,493	0.9
中国	318,256	215,842	200,539	1.6
米国	208,468	203,075	238,821	0.9
台湾	117,070	96,836	96,637	1.2
ドイツ	55,922	50,057	58,500	1.0

注：イスラム諸国とは、イスラム協力機構加盟 57 か国のうちデータのある 56 か国である。
出典：法務省,「国籍・地域別　新規入国外国人（短期滞在・特定活動等）の入国目的」、その他資料から筆者作成。筆者の測定値を含む。

に労働者となった。その後も改正を経て、現在の技能実習生の形になっている。

技能実習生は、図表11-5に示すように、現在の制度が本格的に動き始めた2011年から急増しており、同年の14万2,000人から2017年には27万4,000人に増加している。この間、中国からの技能実習生は減少に転じ、ベトナム（9.1倍）、カンボジア（16.7倍）、ミャンマー（44.5倍）からの実習生が急増している。イスラム諸国からの技能実習生も8,000人から2.7倍の2万2,000人に増加しているが、そのほとんど（21万9,000人）はインドネシアからである。

アベノミクスによる好景気の下での著しい人手不足に対応するため、政府は外国人労働者の受け入れ拡大にかじを切った。外国人労働者数を大幅に増加させる、入国管理及び難民認定法の改正案が、2018年12月に国会で可決成立し、2019年4月から施行されている。政府の国会答弁によれば、2019年からの5年間で、新たに（最大で）34.5万人の外国人労働者を受け入れるとのことである。どの国から受け入れるのかはわからないが、今後は、イスラム諸国からの労働者も増加していくであろう。

5. 留学生の増加

第3の背景は、海外留学生の増加である。2008年に策定された「留学生30万人計画」に従い、留学生数は増加の一途をたどっている。

留学生数は、図表11-6に示すように、同計画策定前の2007年には13万2,000人であったが、2017年には、その2.4倍の31万2,000人に達している。2012年以降、中国からの留学生の伸びが著しく減速する（11万4,000人→12万4,000人）する一方で、この10年間のベトナム（24.7倍）やネパール（19.4倍）からの留学生数の伸びは驚異的である。イスラム諸国からの留学生も、8,000人から1万9,000人に増加しているが、今一つ、勢いがない。ただし、留学生については、労働者とは異なり、比較的多様なイスラム諸国から来ている。

今後も留学生の増加基調は続くであろうか。政府（文部科学省）は、「ポスト留学生30万人計画を見据えた留学生政策」（文部科学省、2018）と題する

図表 11-5　イスラム諸国からの技能実習生数の推移

	訪日技能実習生数（人）			倍率
	2017 年	2014 年	2011 年	2017/2011 年
世界	274,225	167,641	141,994	1.9
イスラム諸国　計	22,159	12,352	8,086	2.7
インドネシア	21,894	12,222	8,016	2.7
バングラデシュ	103	71	12	8.6
マレーシア	96	59	58	1.7
キルギス	22	0	0	*
ウズベキスタン	17	0	0	*
パキスタン	15	0	0	*
トルコ	10	0	0	*
サウジアラビア	2	0	0	*
その他イスラム諸国	0	0	0	*
その他主要国				
ベトナム	123,555	34,039	13,524	9.1
中国	77,567	100,108	107,601	0.7
フィリピン	27,809	12,721	8,233	3.4
タイ	8,430	4,923	2,983	2.8
カンボジア	6,180	1,418	369	16.7
ミャンマー	6,144	631	138	44.5

注：イスラム諸国とは、イスラム協力機構加盟 57 か国のうちデータのある 54 か国である。
技能実習生とは、入国管理及び難民認定法（2016 年 11 厚 28 日改正）別表 1 の 2 の技能実習の活動を行う者（1 のイ及びロ、2 のイ及びロ）。
出典：法務省出入国管理統計（国籍・地域別　在留資格（在留目的）別総在留外国人）そから筆者作成。筆者の推定値を含む。

検討を行っているが、今後の留学生数の見通しについては、明らかにしていない。同計画は、日本企業の将来のグローバル人材確保を大きな目的として策定されており、今後も経済のグローバル化が進むことを考えれば、留学生数は増加していくことになる。さらなる国際化が求められる大学は留学生の受け入れを進めるであろう。少子化にともない定員割れに陥っている大学も同様に、留学生を増やしていくであろう。

ただし、留学生の増加に伴う負の側面も顕在化している。多くの大学で、留

図表 11-6　イスラム諸国からの留学生数の推移

	留学生数（千人）			倍率
	2017 年	2012 年	2007 年	2017/2007 年
世界	311,516	180,929	132,460	2.35
イスラム諸国計	18,824	9,358	7,928	2.37
インドネシア	6,495	2,919	1,869	3.48
バングラデシュ	3,467	1,068	1,684	2.06
マレーシア	3,117	2,483	2,234	1.40
ウズベキスタン	1,759	284	204	8.62
サウジアラビア	399	485	176	2.27
エジプト	393	232	317	1.24
パキスタン	382	215	148	2.58
アフガニスタン	274	166	63	4.35
トルコ	270	177	185	1.46
イラン	237	227	244	0.97
ナイジェリア	197	83	57	3.46
キルギス	156	87	81	1.93
セネガル	151	87	33	4.58
ガーナ	148	69	64	2.31
カザフスタン	146	87	59	2.47
カメルーン	115	38	27	4.26
モロッコ	99	47	42	2.36
モザンビーク	94	14	7	13.43
ウガンダ	89	78	44	2.02
シリア	79	60	43	1.84
他イスラム諸国	757	452	347	2.18
その他主要国				
中国	124,292	113,984	85,905	1.45
ベトナム	72,268	8,811	2,930	24.66
ネパール	27,101	4,793	1,398	19.39
韓国	15,913	18,643	17,902	0.89

注：・イスラム諸国とは、イスラム協力機構加盟 57 か国のうちデータのある 54 か国。
・（独法）日本学生支援機構「外国人留学生在籍状況調査結果」は、大学側への調査であるので、本表の数値とは異なる。
出典：法務省出入国管理統計（国籍・地域別　在留資格〔在留目的〕別　総在留外国人）から筆者作成。筆者の推定値を含む。

学生が大学院生の大半を占めてしまっている（多くの私学の文系の大学院はほぼ全員に近い）こと、学力の低下が著しいこと、就労が主目的の留学生が多いことなどである。留学生として入国した外国人が多数行方不明になっている大学もある。また、世界的に、国境を越える留学生数の伸びが減速しているという傾向もある（文部科学省、2018）。

6. 観光客の増加、東京五輪

第 4 の背景は、海外観光客の増加である。外国人観光客数（年間）は、法務省の出入国管理統計によれば、図表 11-7 に示すように、2007 年の 513 万人から 2017 年には 2,219 万人に増加している（観光局の数値とは異なる、図表の注参照）。2018 年もさらに増加傾向にある。しかし、観光客の 76%、1,684 万人は、韓国、中国、台湾、香港からの訪日である。この 10 年間の観光客の増加数 1,700 万人のうち、この 3 か国 1 地域からの増加が 1,300 万人を占めている。

イスラム諸国からの観光客も急増しており、2007 年の 8 万 8,000 人から 2017 年には 70 万人へ、実に 7.9 倍になっている。中でもアラブ首長国連邦（16.6 倍）、サウジアラビア（14.2 倍）、クウェート（13.8 倍）、カタール（13.5 倍）といった豊かな湾岸諸国からの観光客の伸びが著しい。しかし、イスラム諸国からの 70 万人という数字は、世界全体からの訪日観光客の 3.2%にすぎない。そのうちの 66 万人はインドネシアとマレーシアからである。湾岸諸国からは、2007 年には数百人程度しか来ていなかったので、伸び率が高くても、人数としては少ないままである。

この増加の要因としては、2003 年から政府が進めてきたビジット・ジャパン政策の効果もあるが、中国をはじめアジア諸国の経済成長にともない、海外旅行に行く余力のある中間層が増えたことが大きいと考えられる。今後のイスラム教徒観光客の伸びは、人口の多いインドネシアの経済成長動向によるであろう。

背景の第 5 は、東京オリンピック・パラリンピックの開催である。イスラ

図表 11-7　イスラム諸国からの訪日観光客数の推移

	訪日観光客（千人）			倍率
	2017年	2012年	2007年	2017/2007年
世界	22,190.0	5,221.0	5,130.1	4.3
イスラム諸国 計	700.5	151.5	88.4	7.9
マレーシア	380.6	84.1	53.1	7.2
インドネシア	274.9	54.7	27.4	10.0
トルコ	10.7	3.7	2.5	4.4
アラブ首長国連邦	6.0	1.1	0.4	16.6
サウジアラビア	3.7	1.2	0.3	14.2
ブルネイ	3.0	0.7	0.4	7.3
パキスタン	2.8	0.7	0.5	6.1
クェート	2.4	0.5	0.2	13.8
バングラデシュ	2.2	0.4	0.3	6.6
カザフスタン	1.9	0.3	0.3	6.4
イラン	1.6	0.8	0.6	2.7
カタール	1.2	0.3	0.1	13.5
モロッコ	1.0	0.2	0.2	5.1
チュニジア	1.0	0.3	0.4	2.2
エジプト	0.9	0.5	0.3	3.4
ウズベキスタン	0.7	0.2	0.1	7.7
レバノン	0.7	0.2	0.1	5.8
モーリシャス	0.7	0.2	0.2	4.0
ヨルダン	0.6	0.1	0.1	8.9
オマーン	0.5	0.1	0.1	3.9
その他イスラム諸国	3.3	1.3	0.9	3.7
その他主要国				
韓国	6,433.7	1,427.9	1,866.4	3.4
中国	4,286.2	644.2	332.6	12.9
台湾	4,059.0	1,288.0	1,220.8	3.3
中国〔香港〕	2,065.8	423.5	368.0	5.6
米国	901.5	283.1	329.8	2.7

注：イスラム諸国とは、イスラム協力機構加盟 57 か国のうちデータのある 56 か国である。
観光局の数値は訪日外国人であり、観光客以外の訪日者、トランジット（乗り継ぎ）も含むので、本表の数値とは異なる。

出典：法務省出入国管理統計（国籍・地域別　新規入国外国人〔短期滞在・特定活動等〕の入国目的）から筆者作成。筆者の推定値も含む。

ム諸国からも、多くの選手や観戦客が訪日する。開催期間は短いが、この機会を利用しての観光需要が期待できるだけでなく、将来の再訪日の契機になるであろう。

第2節　国内イスラム市場開発

1. 来日イスラム教徒の食生活

⑴　食事環境

イスラム教徒は日本で何を食べているのであろうか。

日本に来たイスラム教徒は、国や宗派、宗教に対する敬虔さなどにより異なるが、食事についての悩みをいだいている。飲酒をするイスラム教徒がいないわけではないが、筆者の知る限り、ハラルに対するこだわりは強いものがある。他のイスラム教徒が同席する場合には、そのこだわりは、より強く表れるようである。多くのイスラム教徒は、日本など非イスラム諸国では、厳密な意味でのハラルの食事をとれるとは思っていないが、できるだけ努力をしてハラルの食事をしようと心がけている。納得できるハラルの食事をとることができない場合でも、神との直接対話を通じて、やむを得ない状況であるかを判断している。ただし豚由来品やアルコール飲料は絶対に避けている。

2010年頃より前は、ハラル食品を扱う小売店、ハラルレストランは少なく、観光客等の短期間の滞在者は食事の場所探しに苦労していた。しかし、2007年時点で、すでに、イスラム諸国から来た永住者・定住者等（日本人の配偶者、永住者の配偶者を含む）は2万6,000人おり（図表11-8）、ハラル情報は、各地域やモスクを中心とするコミュニティの中で生活情報として共有されていた。

2010年頃から、イスラム教徒の食事をめぐる環境は、劇的に良くなっている。上述（第 11 章第 1 節 1）のとおり、日本国内では、イスラム教徒数の増加にともない、ハラル食品を扱う店舗、ハラルレストランが増えており、ハラル情報を扱う WEB サイト、SNS の口コミサイトも立ち上がっている。さらに、スマートフォンの普及により、すべてのイスラム教徒が容易に幅広い情報を得ることができるようになっている。さらに、ハラルブームにともなうマスコミ報道もあり、日本人の間にもハラルに関する知識が普及し、日本の店舗、レストラン、企業がイスラム教徒に対する宗教的配慮をもって接するようになっている。

⑵　食生活

観光客等の訪日イスラム教徒は、WEB サイトや SNS で事前に情報収集し、レストランでオーダー前に質問をして対応している。また、認証マークは参考にしているが、同時に、日本の認証マークの信頼性の情報も有しているようである。ただし､酒類を提供する焼き肉店で､ハラルレストランと称しているケースもあり、観光客を惑わせている。

在日のイスラム教徒は、生鮮品を一般の小売店舗で、動物由来品とくに食肉はハラル専門店で購入して自炊することが多いようである。加工食品については､企業に問い合わせるなどして､ハラル食品を探している。日本の食品企業は､個々のイスラム教徒からの成分等の問い合わせに丁寧な回答をしている。在日のイスラム教徒は、長年蓄積されたコミュニティ情報やイスラム諸国から来た店舗経営者との信頼関係に頼っており、ハラル認証マークをそれほど重視していないようである。

留学生は、自炊に加えて、学内レストランのハラル対応メニューも併用している。2018 年において、東京大学、東京工業大学など 47 大学の生活協同組合は、その食堂において留学生向けに、ハラルメニューを提供している（全国大学生活協同組合連合会 HP）ただし、同じ厨房で豚肉を扱っているケースがあると聞く。

図表11-8　イスラム諸国からの永住者・定住者等の数の推移

	永住者・定住者等（人）			倍率
	2017年	2012年	2007年	2017/2007年
世界	1,104,496	974,780	980,706	1.13
イスラム諸国	38,373	31,484	25,807	1.49
インドネシア	10,444	8,834	7,339	1.42
パキスタン	7,284	5,671	4,278	1.70
バングラデシュ	4,412	3,223	2,563	1.72
マレーシア	3,395	2,894	2,454	1.38
イラン	3,212	3,197	3,179	1.01
ナイジェリア	2,218	2,028	1,706	1.30
トルコ	1,925	1,349	978	1.97
ガーナ	1,640	1,411	1,165	1.41
エジプト	389	311	231	1.68
モロッコ	348	271	233	1.49
アフガニスタン	344	259	180	1.91
ウズベキスタン	321	155	80	4.01
セネガル	291	211	145	2.01
ウガンダ	275	232	162	1.70
ギニア	269	224	162	1.66
カメルーン	216	157	72	3.00
チュニジア	205	143	114	1.80
その他イスラム諸国	1,185	914	766	1.55
その他主要国				
中国	323,368	271,682	224,522	1.44
フィリピン	209,010	183,884	153,571	1.36
ブラジル	189,193	189,290	311,758	0.61
韓国	92,364	89,743	83,718	1.10
ペルー	47,595	48,961	54,886	0.87
タイ	31,411	29,325	24,620	1.28
米国	27,894	24,035	22,032	1.27
台湾	27,162	12,229	＊	＊
ベトナム	25,277	19,329	15,472	1.63

注：イスラム諸国とは、イスラム協力機構加盟57か国のうちデータのある54か国。永住者・定住者とは、出入国管理及び難民認定法に基づく、永住者、日本人の配偶者、永住者の配偶者および定住者をいう。ただし、特別永住者は除く。

出典：法務省出入国管理統計（国籍・地域別　在留資格〔在留目的〕別　総在留外国人）から筆者作成。筆者の推定値を含む。

2. ハラルの確保の難しさ

国内には、ハラル食品が流通しているが、最大の問題点は国内でハラルを確保することが難しいことである。食品がハラルであるためには、前述（第2章第1節2）の「Farm to Table（農場から食卓まで）」の原則が示すように、農場・牧場での生産から、工場での製造、原料・製品の輸送・保管、陳列・販売、レストランでの調理などすべての段階でハラルが確保される必要がある。

日本国内では、このような対応は難しく、事実上、ハラルの製品を作るのは不可能と言っても過言でない。加工食品で考えてみると、工場に納入される原料がハラルである可能性は極めて少ない。豚由来の食材が極めて多いだけでなく、ハラルの食肉を供給できる屠畜施設は極めて少ないので、動物成分のほとんどすべてはハラルではない。調味料の多くはハラルではない。納入企業に、当該食材の製造フロー・チャートの提出を求めても、ハラルに理解のない企業は、応じてくれないであろう。また、少ない需要に対応するために専用ラインを設置することはコスト的に合わない。そして、ハラル専用の倉庫がなく、ハラル専用車両を保有する運送会社もない。

レストランで考えても、ハラル専用の厨房も、需要者が少ないとコスト的に合わない。陳列・販売段階のハラルの確保は、非常に困難である。国内では、スーパーマーケットにおいて、豚の売り場を別の場所に設置しているケースはほとんどないであろう。

1つのトピックを示しておく。国内でハラル食を特別に作ろうとすると、ハラルの調味料の入手が最大のハードルである。たとえば、観光客向けにハラルの日本食を作ろうとすると、塩と砂糖以外はほとんど確信をもって使えないことがわかる。食用酒、みりん、一般の醤油、ソースはもちろん使えないし、食酢、だし、発酵調味料についてもハラルであると確信することはできない。さらに、豆腐などの大豆製品は、植物由来であるので、ハラル食品のような印象を受ける。しかし日本の大豆製品のほとんどは、ハラルではない。日本に輸入される納豆のほとんどは遺伝子組み換え大豆が混入しており、遺伝子組み換えの大豆で作られた大豆製品はハラルではないからである（第2章第1節7の(2)）。もやし、枝豆、納豆はもちろん、加工品である豆腐、豆乳、みそ、厚揚げ・油揚げ、きなこ、醤油もハラルではない。

もちろん、国内でハラルを確保することは不可能ではない。最も難しい加工食品であっても、フードチェーンのすべてを自ら行えば、可能である。つまり、原料を栽培・飼育し、ハラル専用の製造ラインを使用し、原料・製品の輸送・保管を、専用者・専用倉庫で行い、専用の店舗で販売すれば、あるいは、ハラル専用レストランで提供すれば、可能である。しかし、フード・チェーンの一部であっても、外部に委ねることがあると、非ハラルの物の混入や非ハラルの物との接触の機会が多くなる。日本国内では、ハラルを確保するための経済・社会基盤が欠落しており、ハラルという思想が欠落しているからである。ごく普通に経済活動を行えば、ハラル食品が生産供給されるイスラム諸国とは、経済的・社会的な基盤が異なるのである。国内でハラル食品を製造・供給しようとすることが、そもそも無理なのである。

3. 認証団体の乱立

もう1つの大きな問題は、ハラル認証団体の問題である。国内には多数の認証団体が設立されているが、宗教的な基盤が希薄な認証団体、審査の緩い認証団体が存在する。（注―イスラム諸国で国内を統一する宗教組織は、政教一致の原則の下で公的な組織であるため、認証「機関」という用語を使うが、日本国内で認証をする組織については認証「団体」という用語を使用する。）あまりにも認証団体の数が多いので、乱立という言葉が適切かもしれない。

前述（第1章第1節1）のとおり、ハラルは極めて宗教的な概念であるので、本来、その審査をするのは宗教機関である。日本国内においても、一般に、認証行為は宗教的な基盤のある団体により行われている。中には、イスラム諸国の宗教機関から公認を受けている認証団体も存在する。

しかし、分析機関、コンサルタント、一般企業あるいは個人が営利目的で運営する、宗教的なバックが希薄な認証団体（企業）が少なからず存在する。イスラム諸国から来たというだけで、あるいは、イスラム教徒であるというだけで、認証活動をしているケースもある。このような団体は、ハラル認証をJISやISOあるいは各種規格の審査認証団体と同様の認識をしており、認証を単なるビジネスと解しているように見える。日本では、国内を支配するイスラム教の学派がないため、このような団体も宗教的な統制に服することはない。認証行為は宗教行為であるため、政教分離を原則とする日本政府は、認証行為に対して規制や指導を行うことはできない。もちろん、政府は認証団体の組織化や認証基準の統一を行うことはできないし、行うべきでもない。マスコミも、認証は宗教行為であるとの建前の下で、認証の内容について、厳しい批判をすることは控えることとなる。本来は、イスラム教徒の社会の中で、その宗教性が論じられるべきであるが、イスラム教も多くの学派に分かれているため、そのような議論が行われることがない。国内で統一した認証組織を作ることも、不可能である。

宗教的な基盤がない団体は、認証活動に必要な人件費や事務経費等を稼ぐ必要があるので、認証は甘くなりがちである。日本では、前述（第11章第2節2）のとおり、ハラルの確保が事実上困難であるため、宗教的な厳密さにこだわれば、認証件数をこなすことができず、経営が成り立たないのである。審査を厳しくすると認証の依頼件数が減るため、経営のためには、審査は緩くなる方向に振れる。また、認証費用が、イスラム諸国の水準に比較して、常識はずれに高いという声もある。

このような団体の認証は、国際的には通用しないだけでなく、イスラム教徒を欺く行為である。

4. 国内でのハラル対応の今後

ハラルでないものをハラルであるという行為は、イスラム諸国では大問題を引き起こす。前述の（第4章第2節）、味の素インドネシア事件、マレーシアでのキャドベリーチョコレート事件が示すように、商品回収にとどまらず、商品の不買運動、社会・マスコミからの激しい指弾といった社会的な制裁を加えられる。企業の存続そのものが危うくなるだけでなく、もっと悪い結果が生じる可能性すらある。

日本では、訪日・在日のイスラム教徒の数が少ないので、商品回収や不買運動までは至らないであろう。しかし、宗教を冒涜されたと感じたイスラム教徒の中には、予測できない抗議行動をとる人が出るかもしれない。宗教に淡白な人の多い日本人では、実感として理解できないことである。

他方、イスラム教徒が安心して食事ができる環境を整備することは重要である。その結果として、ハラル食品市場の拡大が進み、日本企業のビジネスチャンスにもつながる。もっとも良い対応は、高い宗教意識と技術を持つ宗教団体が、イスラム諸国の基準と同等のハラル認証をすることである。しかし、それが難しい場合には、どのようにすべきであろうか。いくつかの試みがなされている。

第 1 は、ローカルハラルという用語の使用である。日本国内ではハラルとされている、あるいは、日本のある認証団体ではハラルとされているという意味のようである。多くの場合は、認証の緩さを弁解するために使用されるようである。イスラム諸国と同等の厳しさであれば、単に、自信をもってハラルとすればよいだけであるからである。しかし、ハラルという言葉は、繰り返し説明したように、極めて宗教的な概念である。この用語は、ハラルの概念を捻じ曲げる行為と解され、返って、良くない結果を招くように思う。

第 2 は、ムスリム・フレンドリー（イスラム教徒に優しい）という用語の使用である。ハラルではないが、イスラム教徒のためにできるだけ努力しましたという意味のようである。ハラルという宗教的な用語を避けている点では良心的な印象を与えるかもしれない。しかもマレーシアでは、名称にこの用語を使用した規格（MS2610-2015: Muslim Friendly Hospitality Services - Requirements）がある（図表 1-1 参照）。マレーシア規格のように、ムスリム・フレンドリーの要件が定義されていればよいが、そうでなければ、概念があいまいであり、使う側の都合で、どのような製品にも使用されてしまう恐れがある。やはり、適切ではないように思う。

写真 11-2　国立シンガポール大学のフードコートの店頭表示

注：NO PORK, NO LARD との掲示がある。
　　2012 年 2 月、筆者撮影。

第 3 は、ノーポーク・ノーラードという表示である。豚肉と豚脂は含まないというだけであり、正直で、内容も明快である。しかもハラルという用語も避けている。ノーアルコールという応用もありうる。シンガポール大学内のフードコートで、かつて、このような表示をしているコーナーがあった（写真 11-2）。しかし、豚肉と豚脂は含まないが、豚由来成分を含まないとは言っていないので、この表示の意味が不明瞭であるとの批判があるであろう。

このように、いずれの対応も問題を内包している。ただ、ハラルという用語の重大さを理解していること、イスラム教徒のために努力していることは評価できる。しかし、ハラルであると誤解させようとしているとの批判があるであろう。技術的、宗教的にハラル食品の提供が難しい場合、あるいは疑念のある場合には、原材料（とくに動物成分）および製造工程を詳細に開示し、イスラム教徒の消費者自身の判断に委ねるのがよいのではないかと、筆者は考えているが、まだ結論には至っていない。

参考文献

和書

稙山洋子（2013）、19世紀後半スイスにおけるユダヤ教の屠殺方法・シュヒターの禁止－動物保護協会の活動と会員の社会構成を中心に－、ヨーロッパ研究（12）、23-44頁

味の素（2001）、プレスリリース（2001.1.6付け）

味の素（2016）、プレスリリース（2016.11.8付け）

伊藤文雄（2002）、インドネシアにおける味の素ハラール事件、青山マネジメントレビュー（2）、62-71頁

大塚製薬（2015a）、ニュースリリース（2015.5.20付け）

大塚製薬（2015b）、ニュースリリース（2015.7.1付け）

勝村弘也（1992）、旧約聖書の不思議な掟：連載諸宗教にみる＜食＞のタブー、ぱらだいず（フードジャーナル）1（1）、43-47頁

糟谷英輝（2007）、拡大するイスラーム金融、蒼天社出版

神谷信明（2000）、インドにおける畜産と宗教・文化の影響、岐阜市立女子短期大学研究紀要52, 67-72頁

キッコーマン（2017）、ニュースリリースNo.17049

久間嘉晴（2010）、株式会社ヤクルト本社のハラル食品への取り組み、明日の食品産業（405）、19-22頁

キューピー（2019）、有価証券報告書（第106期）

黒田壽郎（2016）、イスラームの構造（増補新版）、書肆心水、168, 173頁

厚生労働省（2018）、厚生労働省医薬品食品安全部長（生食発第0828第1号）、対アラブ首長国連邦輸出牛肉の取り扱いについて

国際協力事業団 資生堂 かいはつマネジメント・コンサルティング（2015）、バングラデシュ国 スキンケア製品を切り口とした 農村女性の生活改善事業準備調査

国際金融情報センター（財務省委託）（2007）、イスラム金融研究会

国際大学（2014）、イスラムの経済と文化を考える、国際大学GLOCOM公開コロキウムダイジェス

http://www.glocom.ac.jp/wpcontent/uploads/2015/01/20141031report.pdf（2019.3.1アクセス）

国際貿易投資研究所（2009）、イスラム法と経済・金融

佐賀県（2008)、平成 20 年度 新規事業評価表（補正用）
佐賀県（2009a)、佐賀県職員措置請求監査報告書
佐賀県（2009b)、報道発表（平成 21 年 3 月 23 日）
資生堂（2005)、News Release：マレーシア・ワリサン社と合弁契約を締結
資生堂（2013)、News Release 2013-10
資生堂（2014)、News Release 2014-4
資生堂（2015)、News Release 2015-9
ズバイドゥロ・ウバイドゥロエフ（2012)、ソ連崩壊後の独立タジキスタンのイスラーム復興、東京国際大学国際交流研究所公開講演会レポート
全国大学生活協同組合連合会 HP、ハラルメニューの提供について
https：//www.univcoop.or.jp/service/food/halal.html（2018.11.17 アクセス）
総務省統計局（2018)、家計調査：家計収支編総世帯品目分類 2017 年
総務省統計局（2019)、家計調査：家計収支編時系列データ（2 人以上の世帯）
田原一彦（2009)、日本法制下のイスラーム金融取引、イスラーム世界研究　2（2)、188-197 頁
寺野梨香（2017)、日本のハラル認証表示に対するイスラム教徒消費者の評価：マレーシアのイスラム教徒消費者を対象とした事例、食品と容器 58（1)、35-42 頁、2017
並河良一（2010)、化学品に広がりを見せるハラル制度、化学経済 57（11)、26-32 頁
並河良一（2011a)、ハラル制度の海外企業の誘致効果－制度の貿易制限的な性格の反射効果－、開発技術（17)、19-27 頁
並河良一（2011b)、食品のハラル制度と自由貿易の関係，農林業問題研究 47（1)、154-159 頁
並河良一（2012b)、ハラル認証実務プロセスと業界展望、シーエムシー出版
並河良一（2015)、改訂版・ハラル食品　マーケットの手引き、日本食糧新聞社、1-255 頁
並河良一（2016)、食肉のイスラム市場とハラル制度、食肉の科学 57（1)、37-45 頁
並河良一（2019)、日本国内のハラル食品の市場、食品と科学 61（2)、57-62 頁
日刊工業新聞（2015)、2015 年 05 月 26 日付け
農林水産省（2017)、日本から輸出される食肉の受け入れ状況一覧
濱田美紀 福田安志（2010)、世界に広がるイスラーム金融、アジア経済研究所

三井寺（天台寺門宗）、肉食の禁、いのりの原景No129、同寺HP（2018.11.21Access）
見市建（2001）、「味の素事件」の背景、世界（685）、178-179頁
見市建（2010）、グローバル化とムスリム社会の食文化、明日の食品産業405, 12-18頁
文部科学省（2018）、ポスト留学生30万人計画を見据えた留学生政策（中央教育審議会将来構造部会（第9期）第19回配布資料4）
ヤクルト本社（2011）、ヤクルトの概況2011
ヤクルト本社（2014）、ヤクルトの概況2014
ヤクルト本社（2018）、ヤクルトの概況2018
山本達也（2014）、イスラームとインターネット、国際大学GLOCOM公開コロキウム報告レジメ
山本肇（東京外国語大学）（2011）、アジア・アフリカ言語文化研究所インドネシア記事翻訳：Republika（2011年2月16日）
吉田悦章（2007）、イスラム金融入門、東洋経済新報社
和田祐司（2001）、ハラール（Halal）対応香料の開発、月刊フードケミカル17（9）、26-29頁
JETRO（日本貿易振興機構）（2018a）、ビジネス短信：加工食品に関する規定改定豚のラベルが追加、同機構HP（2018.11.26Access）
JETRO（日本貿易振興機構）（2018b）、2019年までに施行予定のハラール製品保証法

洋書

Arab News (2016), Pokemon go ‘haram’, 2016.07.20 http：//www.arabnews.com/node/956681/saudi-arabia (2019.03.02 Access)
BPS（2019), Badan Pusat Statistik, Perkembangan Beberapa Indikator Utama Sosial-Ekonomi Indonesia, 2009 Mar. - 2018 Nov.
Ditto Levitt (2011), BCA Provides Rp280 Billion Loan to Sari Roti, Indonesia Today (2011.11.04), http://www.theindonesiatoday.com/ (2011年12月アクセス)
Hashim, Darhim D. (2010), The Quest for A Global Halal Standard, Kuala Lumpur, Malaysia
Jakarta Post (2014), BPOM shines spotlight on Cadbury, Bourbon, 2014.5.30, 12.05AM（電子版）
JAKIM (2014), Manual Procedure for Malaysian Halal Certification (3rd Edition)

JAKIM (2018), The Recognized Forein Halal Certicication Bodies & Authorities
MUI: Majelis Ulama Indonesia (2019), List of Approved Foreign Halal Certification Bodies
Nestle Malaysia (2018a), Annual Report 2017
Nestle Malaysia (2018b), Nestle in Society 2017
Pew Research Center (2011), The Future of the Global Muslim Population Projections for 2010-2030
The Guardian International Edition (2016), Saudi Arabia revives ban on 'un-Islamic' Pokémon in response to app, 2016.07.20
https：//www.theguardian.com/world/2016/jul/20/saudi-arabia-pokemon-go-ban (2019.03.02 Access)
United States Trade Representative (USTR) (2004), 2004 National Trade Estimate Report on Foreign Trade Barriers (NTE)
United States Trade Representative (USTR) (2005), 2005 National Trade Estimate Report on Foreign Trade Barriers (NTE)
United States Trade Representative (USTR) (2006), 2006 National Trade Estimate Report on Foreign Trade Barriers (NTE)
United States Trade Representative (USTR) (2018), 2007 National Trade Estimate Report on Foreign Trade Barriers (NTE)
United States Trade Representative (USTR) (2008), 2008 National Trade Estimate Report on Foreign Trade Barriers (NTE)
United States Trade Representative (USTR) (2018), 2018 National Trade Estimate Report on Foreign Trade Barriers (NTE)
US DOS (Department of State) (2017), Report on International Religious Freedom 2017

索引

あ行

か行

な行

は行

索　引

まで行

や行

ら行

わ行

【著者】

並河 良一（なみかわ りょういち）

マクロ産業動態研究会代表。専門は、産業経済。研究分野は幅広く、工業経済、農業経済、エネルギー経済、国際経済・海外市場開発（東南アジア、オーストラリア、イスラム諸国）。とくにイスラム市場開発＝ハラル製品・ハラル市場については、造詣が深い。

京都大学農学部、同大学院で食品工学を専攻。通商産業省（現・経済産業省）に入省し、基礎産業局、資源エネルギー庁などで政策立案を担当。JETRO（日本貿易振興機構）において、インドネシア、オーストラリアに駐在。その後、名古屋大学、岩手県立大学、中京大学などの教授。農学博士（京都大学）。

主な著書には、『ハラル食品　マーケットの手引』（日本食糧新聞社）、『ハラル認証実務プロセスと業界展望』（シーエムシー出版）、『資源エネルギー政策をめぐる日豪関係』（日本経済評論社）、Take-or-Pay under Japanese Energy Policy, Energy Policy（Elsevier）がある。

ハラル製品
対応マニュアル　商品企画から認証マーク、製造、管理、販売まで

2019年8月5日　初版第1刷発行
著　者　並河 良一
発行者　上野教信
発行所　蒼天社出版（株式会社　蒼天社）
101-0051　東京都千代田区神田神保町3-25-11
電話　03-6272-5911　FAX 03-6272-5912
振替口座番号　00100-3-628586
印刷・製本所　シナノパブリッシング

ISBN 978-4-909560-31-5 Printed in Japan